KB234773

임베스트
PMP 자격증

이담
Books

임베스트
PMP 자격증

PMP 정보관리기술사 임호진 지음

이담
Books

임베스트와함께 IT전문가로 가는길 ~
IT전문자격증으로 안정적 노후……!

임베스트 자격증 로드맵으로 IT전문가로 가는 가장 빠른 길을 제시합니다. 또한 지속적인 사회 활동을 할 수 있게 하기 위해서 가장 현실적인 단계를 제시합니다.

정보시스템 구축 및 운영 전문가

정보관리기술사, 컴퓨터응용시스템기술사

- 국가 최고의 전문가로 인정받는 기술사 취득으로 대기업 이직 및 안정적인 노후 보장
- 대기업 소프트웨어에서 1급 자격증으로 분류, 소프트웨어 노임단가 기술사 등급 부여, 수석감리원증 자동발급

국제 프로젝트관리 전문가 PMP

- 국내 및 해외에서 시스템 개발 프로젝트 수행 시에 기본적으로 보유한 자격증으로 선진 프로젝트 관리 방법 습득

기업 정보보안 및 개인정보 전문가

정보시스템 진단 및 개선 정보시스템감리사

- 의무감리제도 시행으로 공공 정보화 사업 감리 실행
- 감리사 취득으로 정보시스템 감리사 시에 수석감리원증 자동발급
- 안정적인 감리 활동 수행

정보보안 및 IT 감사, CISSP 및 CISA

- 50인 이상의 사업장에서 의무적으로 보안담당자 채용 서버, 시스템, 네트워크 분야의 정보보호 전문가
- 선진 IT 감사 프로세스 및 통제방법 습득

저자소개

임호진

(現) SPE 기술사 컨설팅 CEO, 서울과학기술대학교 박사수료
　　한국 공인감리단 감리원
(前) LIG 시스템 기술서비스팀 차장, IBM 소프트웨어 컨설팅 서비스 차장
　　동양종합금융증권 과장
　　74회 정보관리기술사, 수석감리원, PMP, ITIL, MCSE, OCP,
　　투자상담사, 교원자격
메일 limhojin@lycos.co.kr 전화 010-9043-5223

경력

- IBM SCS: 건강보험심사평가원 차세대 데이터웨어하우스 컨설팅
- 동양종합금융증권: 차세대 금융시스템(ISP/EA/SOA), 홈 트레이딩 시스템, 고객접점 CRM, 온라인 경영정보시스템 외 다수
- 일본 NTT Data, NTT DoCoMo CTI 프로젝트
- 토지개발공사, 소방방재청 외 다수 감리

강의

- 정보처리기술사 수검전략, 경영, 소프트웨어공학, 데이터베이스, 네트워크, 컴퓨터 구조, 보안 등 전 부분 강의(7년)
- 삼성전자: 소프트웨어 분석설계 강의
- 비트컴퓨터: 소프트웨어 공학 강의
- 중소기업협회: 정보시스템 보안 강의
- 행정안전부: IT 프로페셔널, IT 최신 기술 강의

저서

『정보처리기술사 보안 3.0』
『정보처리기술사 소프트웨어공학 3.0』
『정보처리기술사 DB 3.0』
『정보처리기술사를 위한 IT 산업 정보시스템』
『정보처리기술사 수검전략(세리 기술사회에서 추천하는)』
『정보처리기술사 디지털 데이터 매니지먼트』
『정보처리기술사 기출문제 해설집』
『정보처리기술사 합격전략서』
『정보처리기술사 핵심문제 해설집 1편』
『정보처리기술사 핵심문제 해설집 2편』
『정보처리기술사 핵심문제 해설집 3편』
『정보시스템감리사 합격전략서』
『정보시스템감리사 기출문제 해설집 1편』
『정보시스템감리사 기출문제 해설집 2편』
『Advanced Oracle Database 활용과 튜닝』
『고성능 데이터베이스 구축 방법론』
『CEO의 관점으로 IT를 바라보자』
『FP를 활용한 소프트웨어 비용산정 기법』
『IT 투자평가 프로세스』

수상

-총기 전산화 시스템 구축으로 사단장 표창
-MMDB 구축 사례 공모전 대상

논문

「추계 IT 서비스 학회: 금융권 EA기반의 SA 구축」
「대한산업공학회: 금융권 MMDB 구축 사례」

머리말

소프트웨어 산업 진흥법의 시행에 따라 공공 SI(System Integration) 프로젝트에 실질적으로 대기업 SI 업체의 참여가 제한되었습니다. 즉, 많은 중소 소프트웨어 업체가 새로운 기회를 가진 것입니다. 하지만 발주기관 입장에서 보면 프로젝트 관리 및 개발방법론 측면과 사업의 연속성인 부분에서 많은 걱정이 있는 것도 현실입니다.

본 책은 이러한 국내 소프트웨어 산업에서 프로젝트 관리 능력에 대한 기술을 배양하고 PMI의 프로젝트 관리 국제 자격증인 PMP 자격 취득을 위해서 집필되었습니다.

본 책은 PMP 자격 취득을 위한 프로젝트 관리 프로세스와 프로젝트 지식영역에 대해서 학습하고 선진화된 프로젝트 관리 방법을 습득하도록 합니다. 또한 궁극적으로 PMP 자격증을 취득할 수 있도록 예상문제를 제시하고 있습니다.

임베스트 패밀리는 아래와 같이 IT자격증에 대한 전문 사이트를 운영하고 다양한 정보를 제공하고 있습니다.

❖ 임베스트 PMP
  – www.LimBestpmp.com(국내 최저 PMP 자격 취득 준비: 종합반 11만 원)
❖ 임베스트 정보보안전문가 CISSP
  – www.LimBestcissp.com(CISSP 자격 취득 준비)
❖ 임베스트 & 세리 정보처리기술사 및 정보시스템감리사
  – www.seirigisulsa.com(기술사 오프라인 학습)
  – www.Limbest.com(기술사 및 감리사 e-Learning)
  – www.serigamrisa.com(감리사 오프라인 학습)

CISSP, CISA, 정보보안기사, PMP, 정보처리기술사 및 정보 시스템감리사 학습 도중에 궁금한 점이 있으면 언제든 연락바랍니다.

(limhojin@lycos.co.kr 및 limhojin123@paran.com, HP:010-9043-5223)

여러분께 합격의 영광이 있기를 바랍니다.

- 제74회 정보관리기술사, 수석감리원, PMP 임호진 -

− 정보처리기술사 온톨로지 학습기 개발 및 특허출원
− 정보처리기술사 학습방법, 과목별 범위, 기술사 효과 및 진로 등 다양한 정보제공(국내 최저비용의 정보처리기술사 학습 66만 원)

임베스트 정보처리기술사 (www.LimBest.com)

− 온라인 PMP 자격취득 대비, 기본반과 문제풀이반 통합
− RFP, 제안서, 프로젝트 관리, 소프트웨어 대가산정, 정보시스템감리 등 다양한 정보 제공 서비스
− 국내 최저비용의 PMP 자격대비반 운영(11만 원)

임베스트 프로젝트 관리 (www.LimBestpmp.com)

프로젝트 관리 소개

1. PMP 시험 개요

(1) PMP(Project Procurement Professional) 시험이란?

　－1984년 미국 전문기관인 PMI에 의해 시행되는 시험

　－프로젝트 매니저 전문성 확보와 체계적인 프로젝트 관리 기법 습득

　① 시험방식: CBT(Computer Based Test) 방식

　② 시험 시간 및 문제 수: 총 4시간 동안 200문제

　③ 시험 유형: 객관식 사지선다형(국문, 영문 모두 가능)

　④ 합격 Baseline: 175점 만점에서 106점 이상

　⑤ 합격 확인: 시험 종료 시 즉시 확인

(2) 응시자격

　－**학사학위 이상: 최소 4,500시간(3년) 이상** 프로젝트 실무 경험

　－**전문대 및 고졸 이하: 최소 7,500시간(5년) 이상** 프로젝트 실무 경험

　－**공통 사항: 35시간 이상 공식적인 프로젝트 관리 교육 이수**

(3) 유의사항

　－프로젝트 경험에서 기간이 중첩되면, 하나의 경험만 인정

　－프로젝트 근무시간을 주 5일 8시간 근무에 등록하는 것이 좋음

　－응시시점을 기준으로 8년 이내 진행된 프로젝트 경험만 인정

(4) 시험 출제 영역

프로젝트 착수	· 11%
프로젝트 계획수립	· 23%
프로젝트 실행	· 27%
프로젝트 모니터링 및 통제	· 21%
프로젝트 종료	· 9%
전문가 및 사회적 책임	· 9%

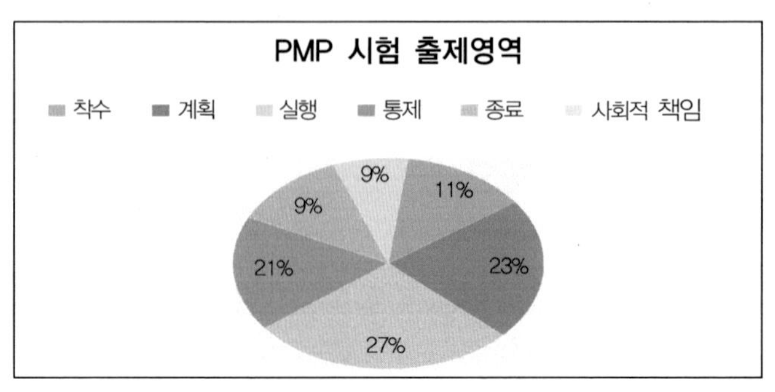

(5) 응시절차

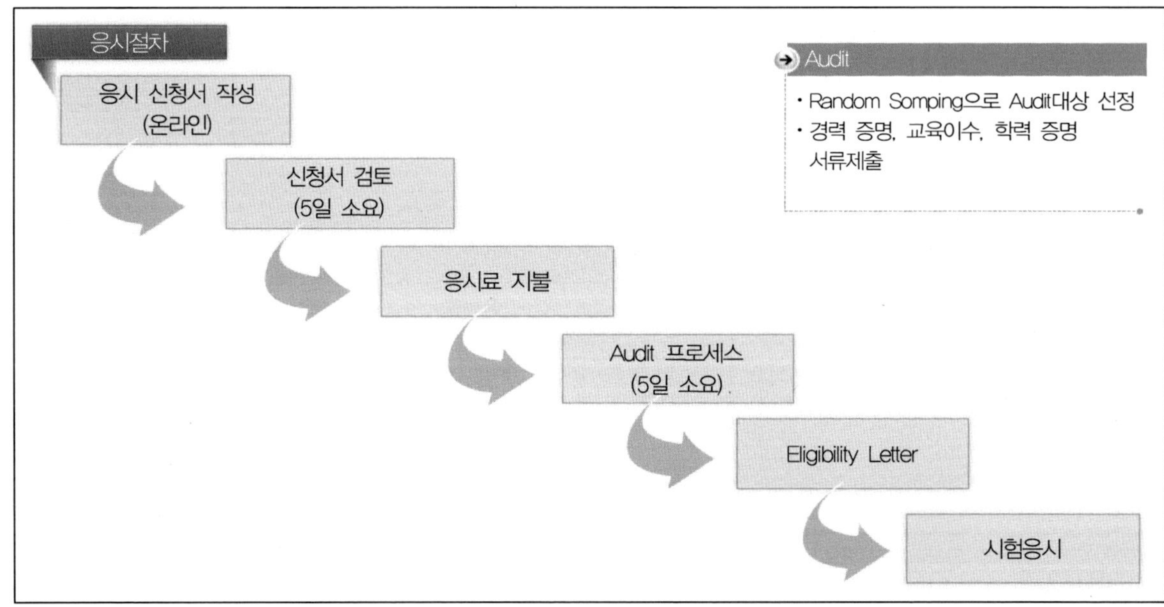

2. PMP 회원가입 및 온라인 신청방법

-PMI 유료회원가입 후 시험을 신청하는 것이 비회원으로 신청할 때보다 21불 절약, 유료회원가입 시 부가 서비스도 받을 수 있음

(1) 회원가입 방법

① 홈페이지 접속하기

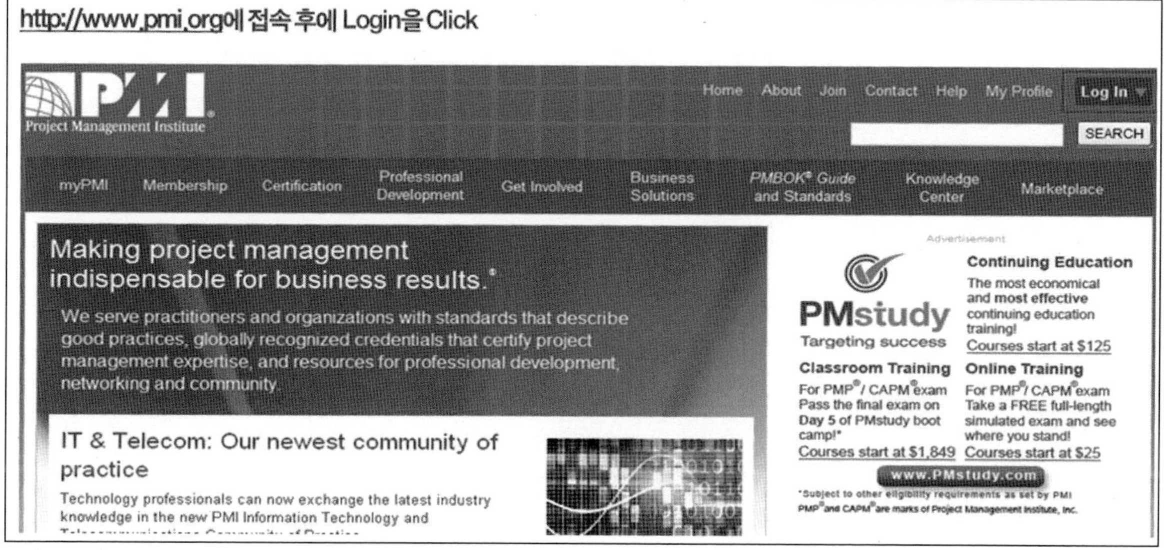

② Register Now Click

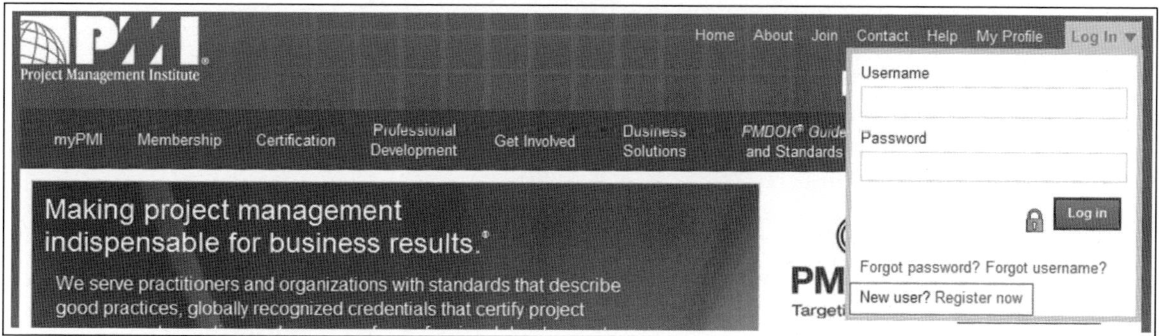

③ 아래와 같이 입력 후에 Submit Click

(2) 유료회원 가입방법

① Login 후에 'Membership' Click

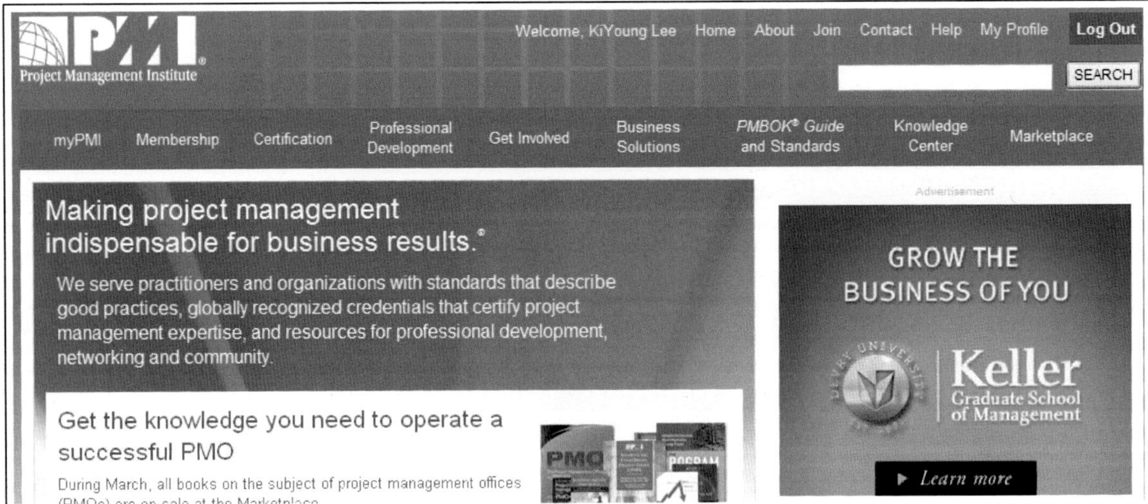

② 'Join or renew today' Click

Home > Membership

Membership

Join or renew today

In a competitive global economy, project managers can't go it alone. So turn to PMI membership to give you the tools and support you need to make your mark on the profession. Discover more about what our membership is and what benefits it offers, and choose the type of membership that's best for you.

Become a member and see what PMI can offer you at every stage of your career.

What PMI membership is

In a word, dedication. PMI membership signifies that you're serious about your project management career and your professional development. It highlights this dedication to employers, colleagues and stakeholders, giving you an edge in the job market. It also provides you with access to valuable knowledge, networks and resources that help you improve and advance.

Learn what PMI membership is and what it can do for you .

③ 'Join' Click

Home > Membership > Types of Memberships

Types of Memberships

Become a PMI member or renew your membership by choosing the plan that is right for you.

Individual Member

Our individual membership is open to anyone interested in project management. If your work involves projects or project management, or you simply want to learn more about them, an individual membership is a terrific solution for you.

Pricing:

PMI membership	USD $129 to join USD $119 to renew
Chapter membership	Fees vary; view chart. Browse our chapter listings to find a chapter near you.

Join or renew now or download an application.

④ 'Add to Cart' Click

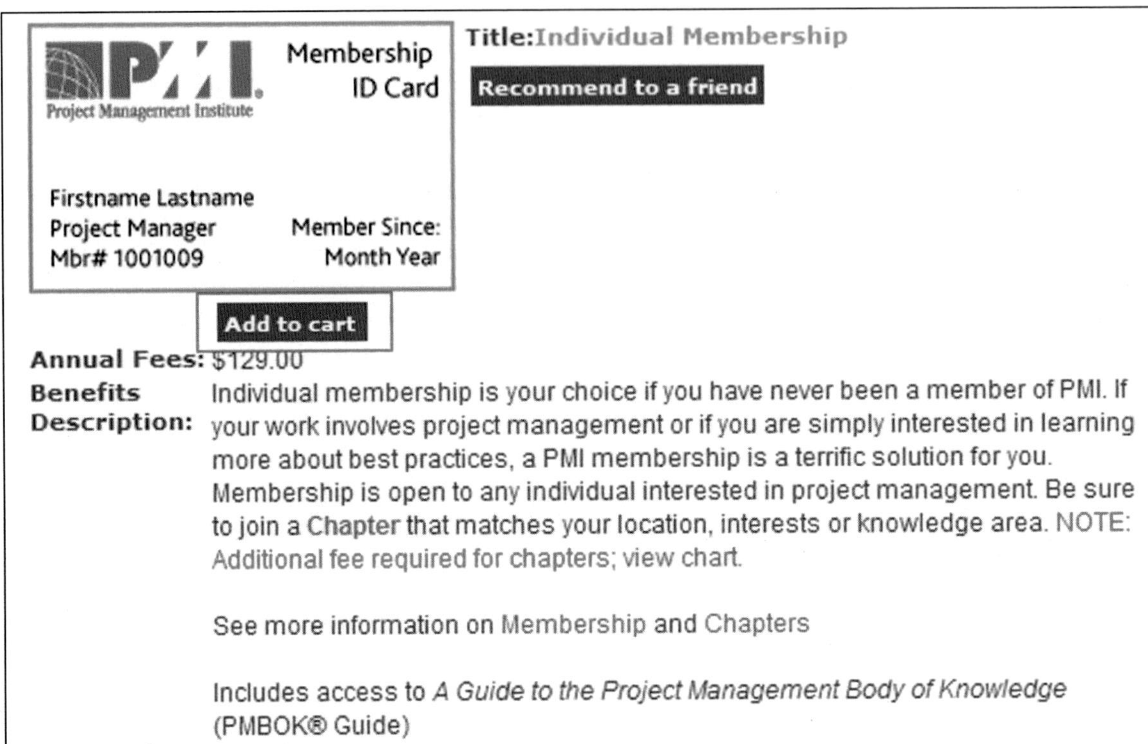

⑤ 'Check Out' Click

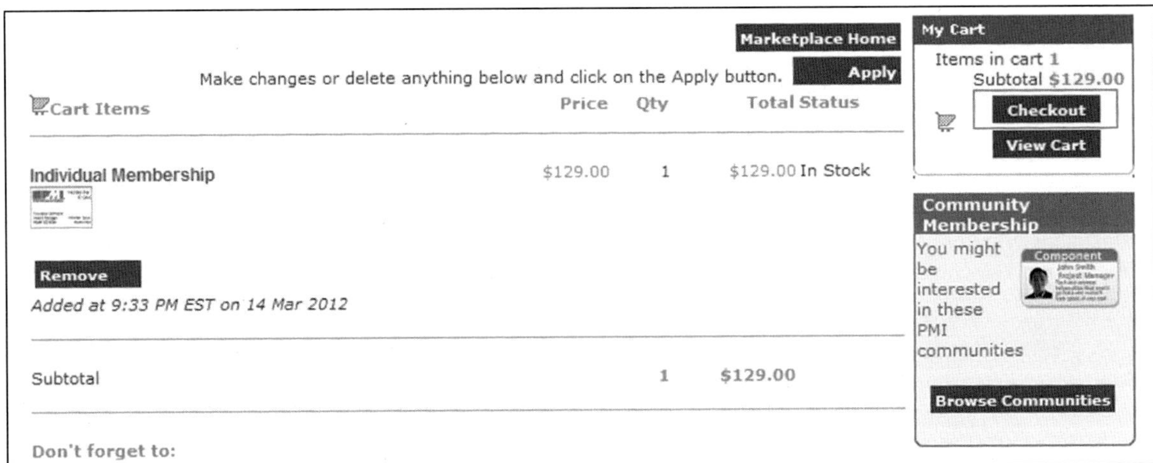

⑥ 개인정보를 입력 후 'Next' Click

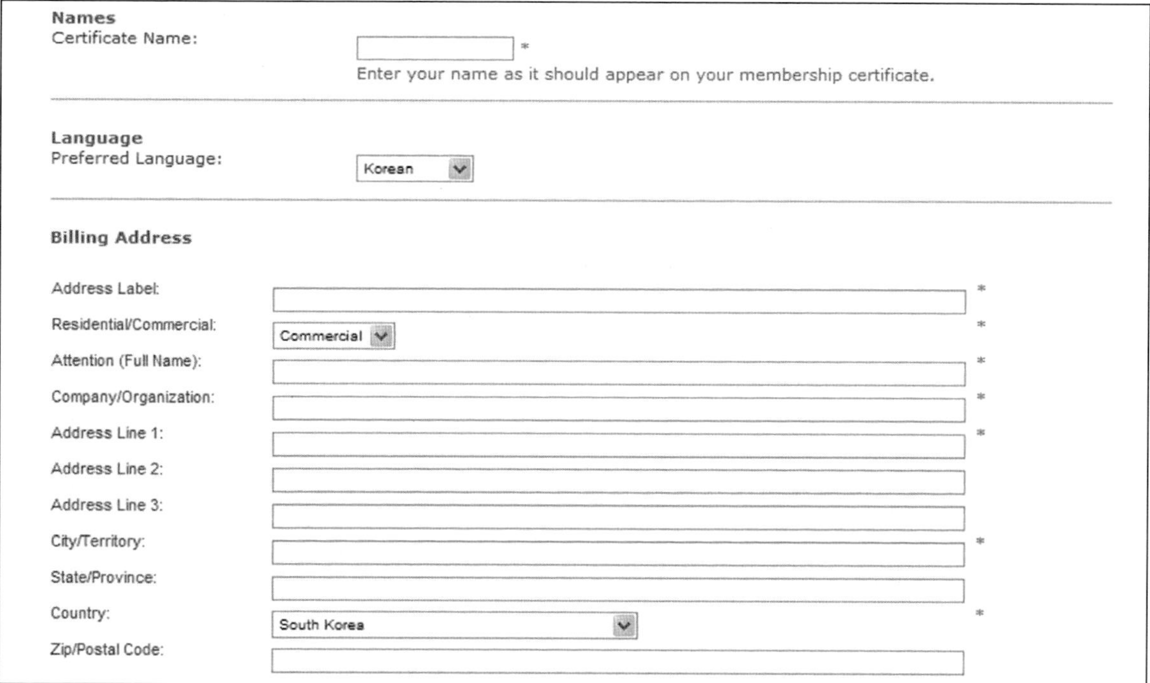

(3) 시험 신청

① Certification Click

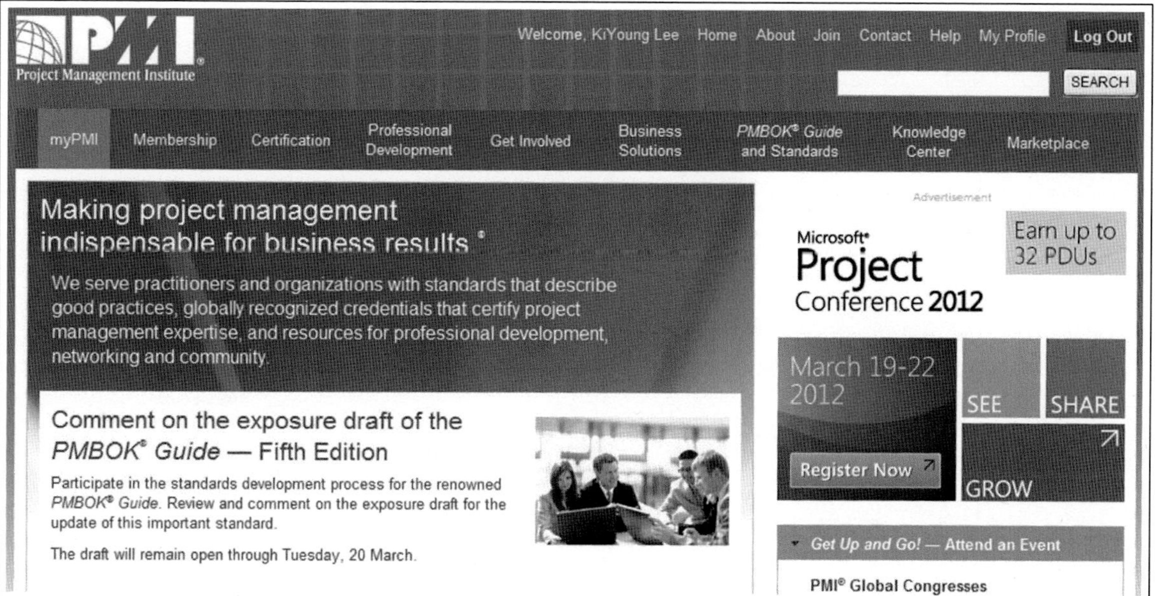

② Ready to apply Click

③ Apply for PMP Credential Click

④ Application 이상 유무를 확인 후에 Next Click

3. PMBOK 3rd 대비 PMBOK 4th Edition 차이점

(1) 변경 내용

- 모든 프로세스 이름을 동사에서 명사 포맷으로 변경하였음

  (예: Scope Definition에서 Define Scope)

- 프로세스를 44개에서 42개로 변경

- 프로젝트 관리 계획서와 프로젝트 문서를 구분

- 프로젝트 차터 정보와 범위기술서 정보를 명확히 구분

- 각 프로세스의 Input과 Output의 흐름을 보여주기 위해서 Data Flow Diagram 추가하였음

(2) 프로젝트 통합관리

MBOK 3rd Edition	PMBOK 4th Edition
4.1 Develop Project Charter	4.1 Develop Project Charter
4.2 Develop Preliminary Project Scope Statement	삭제
4.3 Develop Project Management Plan	4.3 Develop Project Management Plan
4.4 Direct and Management Project Execution	4.4 Direct and Management Project Execution
4.5 Monitor and Control Project Work	4.5 Monitor and Control Project Work
4.6 Integrated Change Control	4.6 Integrated Change Control
4.7 Close Project	4.7 Close Project or Phase

(3) 프로젝트 범위 관리

PMBOK 3rd Edition	PMBOK 4th Edition
5.1 Scope Planning	5.1 Collect Requirements
5.2 Scope Definition	5.2 Define Scope
5.3 Create WBS	5.3 Create WBS
5.4 Scope Verification	5.4 Verify Scope
5.5 Scope Control	5.5 Control Scope

(4) 프로젝트 일정관리

PMBOK 3rd Edition	PMBOK 4th Edition
6.1 Activity Definition	6.1 Define Activity
6.2 Activity Sequencing	6.2 Sequence Activity
6.3 Activity Resource Estimating	6.3 Estimate Activity Resources
6.4 Activity Duration Estimating	6.4 Estimate Activity Durations
6.5 Schedule Development	6.5 Develop Schedule
6.6 Schedule Control	6.6 Control Schedule

(5) 프로젝트 원가관리

PMBOK 3rd Edition	PMBOK 4th Edition
7.1 Cost Estimating	7.1 Estimate Cost
7.2 Cost Budgeting	7.2 Budget Cost
7.3 Coat Control	7.3 Control Costs

(6) 프로젝트 품질관리

PMBOK 3rd Edition	PMBOK 4th Edition
8.1 Quality Planning	8.1 Plan Quality
8.2 Perform Quality Assurance	8.2 Perform Quality Assurance
8.3 Perform Quality Control	8.3 Perform Quality Control

(7) 프로젝트 인력관리

PMBOK 3rd Edition	PMBOK 4th Edition
9.1 Human Resource Planning	9.1 Develop Human Resource Plan
9.2 Activity Project Team	9.2 Acquire Project Team
9.3 Develop Project Team	9.3 Develop Project Team
9.4 Manage Project Team	9.4 Manage Project Team

(8) 프로젝트 의사소통 관리

PMBOK 3rd Edition	PMBOK 4th Edition
10.1 Communications Planning	10.1 Identity Stakeholders
10.2 Information Distribution	10.2 Plan Communications
10.3 Performance Reporting	10.3 Distribute Information
10.4 Manage Stakeholders	10.4 Manage Stakeholder Expectations
	10.5 Report Performance

(9) 프로젝트 위험관리

PMBOK 3rd Edition	PMBOK 4th Edition
11.1 Risk Management Planning	11.1 Plan Risk Management
11.2 Risk Identification	11.2 Identify Risks
11.3 Qualitative Risk Analysis	11.3 Perform Qualitative Risk Analysis
11.4 Quantitative Risk Analysis	11.4 Perform Quantitative Risk Analysis
11.5 Risk Response Planning	11.5 Plan Risk Responses
11.6 Risk Monitoring and Control	11.6 Monitor and Control Risks

(10) 프로젝트 조달관리

PMBOK 3rd Edition	PMBOK 4th Edition
12.1 Plan Purchases and Acquisitions	12.1 Plan Procurements
12.2 Plan Contracting	12.2 Conduct Procurements
12.3 Request Seller Responses	12.3 Administer Procurements
12.4 Select Sellers	12.4 Close Procurements
12.5 Contract Administration	
12.6 Contract Closure	

(11) Edition 변경부분은 시험 출제 빈도수가 높음

- 요구사항 수집 프로세스
- 이해 관계자 파악 프로세스
- TCPI
- EV 추가공식
- 팀 개발단계
- 갈등해결 방법
- 프로젝트 관리 계획, 문서 차이
- 프로젝트 차터, 프로젝트 범위기술서 포함 항목

프로젝트 관리 소개 · 11

1 STEP

프로젝트 관리 프레임 워크 · 27

1. 프로젝트와 운영의 차이 / 28
2. 프로젝트의 특징 / 29
3. 프로젝트 관리 Context / 30
4. 프로젝트 관리 프로세스 / 31
5. 프로젝트 관리자 / 33
6. 프로젝트 라이프 사이클 / 34
7. 프로젝트 관리 프로세스 그룹 / 36
8. 프로젝트 관리 사례 / 37

2 STEP

프로젝트 통합관리 · 47

1. 프로젝트 통합관리 개요 / 48
2. 프로젝트 차터(Project Charter) 개발 프로세스 / 49
3. 프로젝트 관리 계획 프로세스 / 51
4. 프로젝트 실행 지시 및 관리 프로세스 / 53
5. 프로젝트 모니터링 및 통제 / 55
6. 통합변경 통제 수행 프로세스 / 56
7. 프로젝트 단계 종료 프로세스 / 57

3 STEP

프로젝트 범위 관리 · 71

1. 프로젝트 범위 관리 개요 / 72
2. 요구사항 수집 프로세스 / 73
3. 범위 정의 프로세스(Define Scope) / 75
4. WBS 개발 프로세스 / 77
5. 범위 검증(Verify Scope) / 81
6. 범위통제(Control Scope) / 83

4 STEP

프로젝트 일정 관리 · 97

1. 프로젝트 일정 관리 개요(Project Time Management) / 98
2. 활동정의(Define Activities) / 100
3. 활동순서(Sequence Activities) / 102
4. 활동 자원추정(Estimate Activity Resource) / 105
5. 활동 기간산정(Estimate Activity Durations) / 106
6. 프로젝트 일정개발(Schedule Development) / 108
7. 일정통제(Control Schedule) / 116

5 STEP

프로젝트 원가관리 · 135

1. 프로젝트 원가관리(Project Cost Management) 개요 / 136
2. 원가추정(Estimate Costs) / 137
3. 예산수립(Determine Budget) / 140
4. 원가통제(Control Costs) / 142

6 STEP

프로젝트 품질관리 · 161

1. 프로젝트 품질관리(Project Quality Management) 개요 / 162
2. 품질 계획수립(Plan Quality) / 163
3. 품질보증 수행(Performance Quality Assurance) / 166
4. 품질 통제 수행(Perform Quality Control) / 168

7 STEP

프로젝트 인적자원 관리 · 187

1. 프로젝트 인적자원 관리(Project Human Resource Management) 개요 / 188
2. 인적자원 계획 개발(Develop Human Resource Plan) / 189
3. 프로젝트팀 확보(Acquire Project Team) / 191
4. 프로젝트팀 개발(Develop Project Team) / 194
5. 프로젝트팀 관리(Manage Project Team) / 200

8 STEP

프로젝트 의사소통 관리 · 217

1. 프로젝트 의사소통 관리(Project Communication Management) 개요 / 218
2. 이해 관계자 식별 (Identify Stakeholders) / 219
3. 의사소통 계획수립(Plan Communication) / 220
4. 정보배포(Distribute Information) / 224
5. 이해 관계자 기대사항 관리(Manage Stakeholder Expectation) / 225
6. 성과보고(Report Performance) / 226

9 STEP

프로젝트 위험 관리 · 241

1. 프로젝트 위험 관리(Project Risk Management) 개요 / 242
2. 위험 관리 계획수립(Plan Risk Management) 개요 / 243
3. 위험 식별(Identify Risk) / 245
4. 정성적 위험 분석 수행(Perform Qualitative Risk Analysis) / 248
5. 정량적 위험 분석 수행(Perform Quantitative Risk Analysis) / 250
6. 위험 대응 계획 수립(Plan Risk Responses) / 253
7. 위험 감시 및 통제(Monitor& Control Risks) / 255

10 STEP

프로젝트 조달 관리 · 271

1. 프로젝트 조달 관리(Project Procurement Management)개요 / 272
2. 조달 계획수립(Plan Procurements) / 273
3. 조달 수행(Conduct Procurements) / 276
4. 조달 종료(Close Procurements) / 278

-PMP 학습 테스트 - / 289

STEP 1

프로젝트 관리 프레임 워크

1. 프로젝트와 운영의 차이

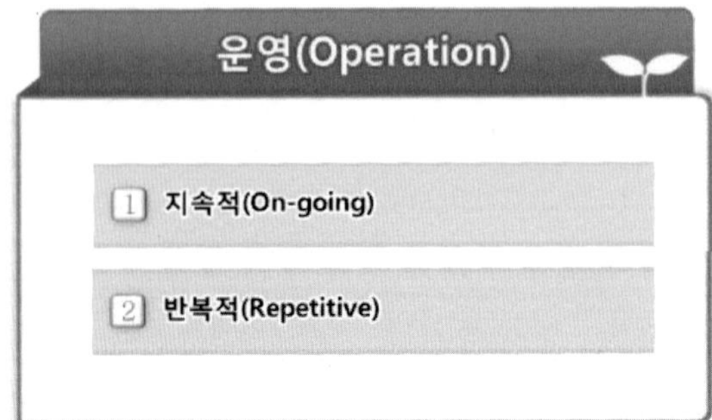

(1) 프로젝트(Project)

－주어진 목표를 달성하고 종료하는 것

－프로젝트는 조직의 모든 수준에서 수행 즉, 한 사람 한 조직 단위 혹은 다수의 조직 단위가 아니라 하나의 프로젝트에 참여할 수 있음

－새로운정보 시스템 개발 및 변경

(2) 운영(Operation)

－목표를 달성하기 위해서 사업을 지속적으로 유지하는 활동

PMBOK에서는 프로젝트 관리를 다음과 같이 정의하고 있다

프로젝트 관리(Project Management)는 프로젝트 요구사항을 만족시키기 위해 지식(Knowledge), 도구(Tool), 기법(Techniques) 등을 프로젝트 활동에 적용하는 것이다.

2. 프로젝트의 특징

(1) 한시적인(Temporary)
- 반드시 단기간을 의미하지 않음
- 명확한 시작과 끝이 정해져 있음
- 프로젝트에서 창출되는 제품, 서비스, 결과물에 적용되지 않음
- 대다수 프로젝트는 지속적으로 존재하는 결과물을 창출하기 위해 수행
- 프로젝트 목표가 달성되었을 때, 프로젝트 목표를 더 이상 맞출 수 없거나 프로젝트에 대한 필요
  성이 더 이상 존재하지 않을 경우 프로젝트는 종료 혹은 중단됨

(2) 조직전략 달성 수단
- 시장 수요
- 전략적 기회, 비즈니스 요구
- 고객 요청
- 기술적 진보, 법률 규제

3. 프로젝트 관리 Context

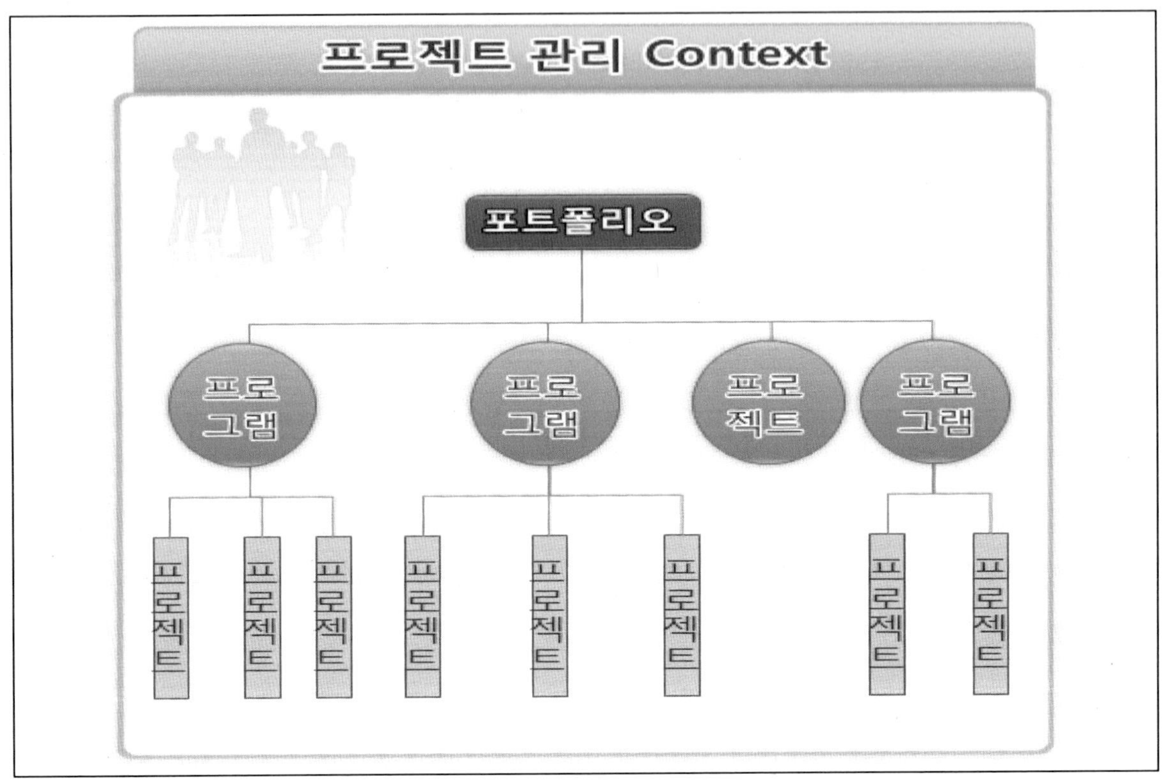

(1) 포트폴리오

- 조직의 전력적 목표를 달성하기 위해서 프로그램, 프로젝트 등의 작업들의 집합

(2) 프로그램

- 조직의 전력적 목표를 달성하기 위해서 프로그램, 프로젝트 등의 작업들의 집합

(3) 프로젝트

- 프로젝트 요구사항을 달성하기 위해서 필요한 기술, 도구, 기법 등 프로젝트 활동에 적용하는 것임

4. 프로젝트 관리 프로세스

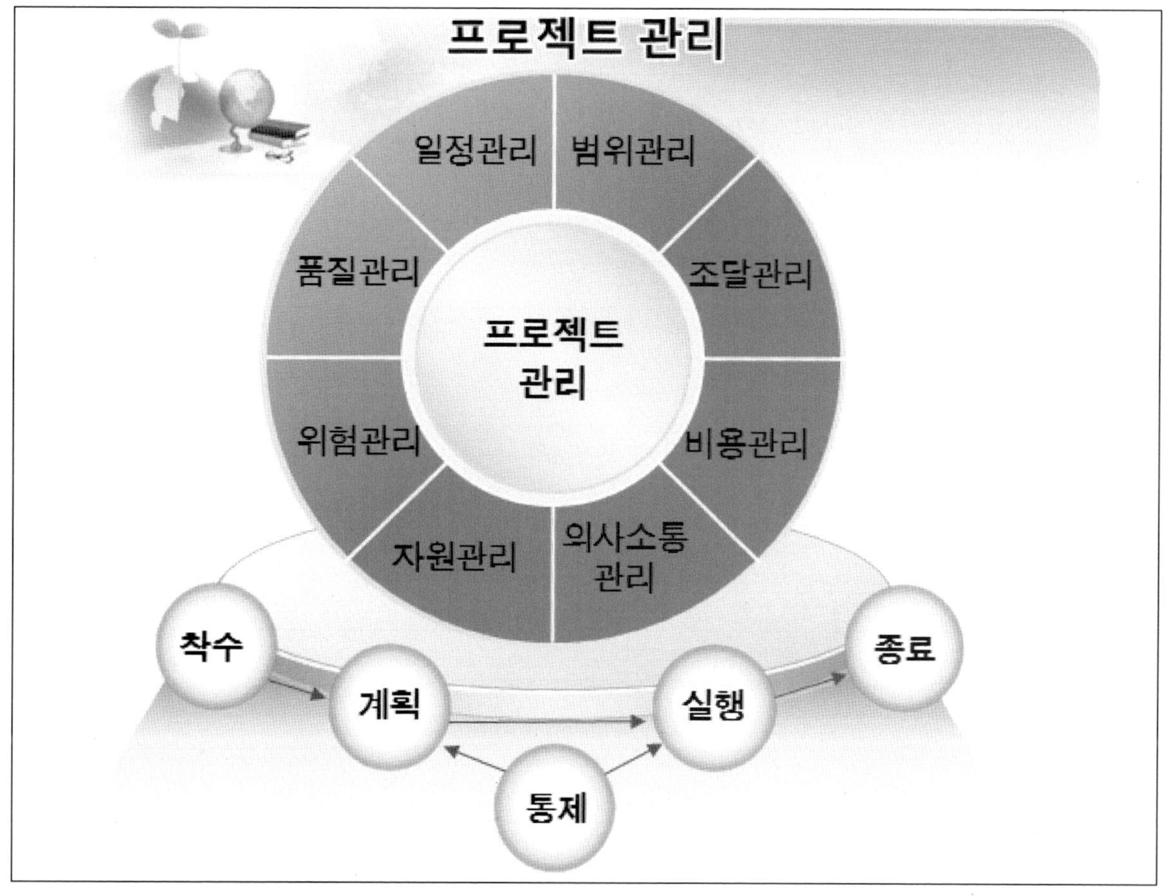

(1) **착수**: 프로젝트 혹은 프로젝트 단계를 정의하고 승인함
(2) **계획**: 목표정의, 정제하고 프로젝트 목표 및 범위달성을 위해서 행동과제를 계획
(3) **실행**: 프로젝트 계획에 정의된 작업을 실행
(4) **통제**: 프로젝트 진행사항을 측정하고 계획과 실적차이를 관리, 시정조치
(5) **종료**: 결과 인수를 공식화하고 프로젝트 종료

착수(Initiating)	<ul><li>프로젝트 타당성 조사</li><li>프로젝트 목표 설정</li><li>프로젝트 범위 지정</li><li>프로젝트 결과물을 위한 SOW 작성</li></ul>
계획(Planning)	<ul><li>프로젝트 범위 조정</li><li>WBS 작성</li><li>의존 관계를 이용한 업무 순서도와 실행 일정</li></ul>
실행(Executing)	<ul><li>프로젝트이해 관계자와 협의</li><li>예산, 인력, 장비 등 자원 확정</li><li>진행 상황 업데이트</li><li>주기적인 업무 보고</li></ul>
통제(Controlling)	<ul><li>계획 대비 실제의 성과 측정</li><li>일정 상태 분석</li><li>진행 중 장애 및 문제점의 대안 마련</li><li>프로젝트 범위 변경</li><li>자원 및 산출물의 제약조건 해결</li><li>시간 내 완수를 위한 이용 자원의 확인</li><li>일정 재조정(현실성 있는 일정 운영)</li><li>변경된 프로젝트 계획과 세부사항에 대한 문서화 및 이해 관계자의 승인</li><li>일정 구성 관리</li><li>계약 이행 사항 확인/검증</li></ul>
종료(Closing)	<ul><li>프로젝트 산출물 분석</li><li>프로젝트 보고서 작성</li><li>계약 종료</li></ul>

5. 프로젝트 관리자

■ 프로젝트 이해 관계자

구 분	역 할
프로젝트 매니저	−프로젝트 목표를 달성하기 위한 관리자
프로젝트 관리팀	−프로젝트 관리 활동을 수행하는 조직
프로젝트팀	−프로젝트 업무를 수행하는 조직
고객	−요구사항을 요구하고 프로젝트를 인수하는 사람
스폰서	−프로젝트 후원, 외부적으로부터 팀 보호 및 자금 지원
PMO	−프로젝트팀을 통합적으로 관리하는 조직
최고 경영자	−프로젝트의 중대한 의사결정 −프로젝트 우선순위 결정

(1) PMO(Project Management Office)

 −조직의 전력적 목표를 달성하기 위해서 프로그램, 프로젝트 등의 작업들의 집합

(2) 프로젝트 매니저(Project Manager)

 −프로젝트의 집합으로 단위 프로젝트를 통합적으로 관리하여 관리의 효율성을 높임

6. 프로젝트 라이프 사이클

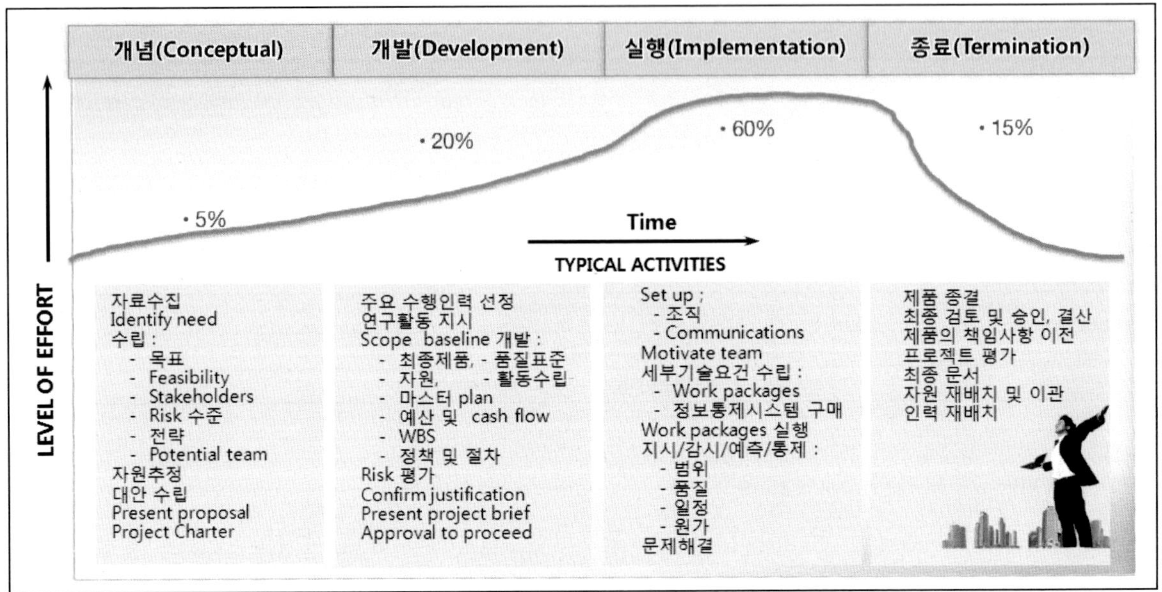

(1) 주요 특징

- 원가 및 인력투입 수준은 프로젝트 초기에는 낮으며, 작업 비용은 진행될수록 높아져서 프로젝트 종료단계에 가장 낮아짐
- 이해 관계자의 영향력, 위험, 불확실성은 프로젝트 초기에 가장 크며 이러한 요소들은 프로젝트 라이프 사이클에 걸쳐 감소함
- 프로젝트 단계의 명칭, 수는 프로젝트가 진행되는 산업영역, 프로젝트 수행조직의 관리 필요성, 프로젝트 성질, 프로젝트 응용분야에 따라 결정
- 원가에 크게 영향을 주지 않고 프로젝트 제품의 최종 특성에 영향을 미칠 수 있는 능력은 프로젝트 초기에 가장 크고, 프로젝트가 진행됨에 따라 감소

추가 설명

프로젝트의 수명 주기는 일반적으로 순차적이면서 때로 중첩되기도 하는 프로젝트 단계들의 집합이다. 프로젝트 단계의 이름과 번호는 조직의 관리 및 통제 요구사항 또는 프로젝트에 참여하는 조직, 프로젝트의 성질, 그리고 응용분야에 의해 결정된다. 생애 주기는 방법론과 함께 문서화될 수 있다. 프로젝트의 수명 주기는 조직의 고유성, 산업 분야 또는 적용된 기술에 따라 결정되거나 구체화될 수 있다. 모든 프로젝트는 시작과 끝이 있지만 그 사이의 기간에 발생하는 특정 산출물(인도물)과 활동은 프로젝트에 따라 크게 다르다. 수명 주기는 특정 관련 작업에 관계없이 프로젝트를 관리하기 위한 기본적인 프레임워크를 제공한다. 이런 프로젝트는 독특하고 어느 정도의 위험 요소가 있기 때문에 프로젝트를 수행하는 기업들은 보다 효율적인 경영 관리를 위해 기업 프로젝트를 여러 프로젝트 단계로 분할하기 마련이다. 집합적인 개념으로서 이러한 프로젝트 단계들을 말한다.

(2) 프로젝트 라이프 사이클과 프로덕트 라이프 사이클 차이

① 프로젝트(Project)
- 일반적으로 연속적이며, 때로 중첩되는 프로젝트 단계들로 구성
- 일반적으로 하나의 프로젝트 라이프 사이클은 하나 이상의 프로덕트 라이프 사이클에 포함
② 프로덕트(product)
- 일반적으로 조직의 제도 및 통제 요구에 따라 결정되는 연속적이며 중첩되지 않는 제품 단계들로 구성
- 마지막 단계는 제품 폐기

7. 프로젝트 관리 프로세스 그룹

통합관리	범위관리	일정관리	원가관리	품질관리	인력관리	의사소통	위험관리	구매조달관리
프로젝트 차터 개발	요구사항 수집	활동정의	원가추정	품질계획	프로젝트 인력관리	이해당사자 식별	위험관리 계획	조달 계획
프로젝트 관리 계획	범위정의	활동 순서화	예산수립	품질보증	인력 계획 개발	의사소통 계획	위험식별	조달수행
프로젝트 실행	WBS 생성	활동자원추정	원가통제	품질통제	프로젝트 팀 개발	정보배포	정성적 위험분석	조달행정
모니터링 및 통제	범위검증	활동기간추정			프로젝트 팀 관리	이해관계자 기대사항 관리	정량적 위험분석	조달종료
프로젝트 통합 변경통제	범위통제	프로젝트 일정				성과보고	위험 대응 계획	
단계종료		일정통제					위험 모니터링 및 통제	

착수 프로세스 → 계획수립 → 실행 프로세스 → 모니터링 및 통제 → 종료

－PMBOK은 프로젝트 관리 프로세스 그룹(프로젝트 지식영역)으로 총 9개의 프로세스를 가지고 있다. 즉, 범위, 일정, 원가, 품질, 인력, 의사소통, 위험, 조달관리의 프로세스의 이들 프로세스의 통합을 관리하는 통합관리 프로세스이다.

－이들 프로세스는 착수, 계획, 실행, 모니터링 및 통제, 종료 프로세스에서 실행되며 착수 프로세스에는 프로젝트 차터 개발, 이해당사자 식별 두 개의 하부 프로세스가 존재한다.

－계획과 실행 프로세스에는 프로젝트 관리 계획, 요구사항 수집 등의 대부분의 프로세스가 존재하고 이것은 각 하부 프로세스별로 이행방법을 계획하고 그것을 실행한다.

또한 이러한 실행은 모니터링 및 통제 프로세스에 의해서 계획대비 실적을 관리하고 시정 조치 등을 수행할 수가 있는 것이다.

－종료 프로세스는 통합관리 프로세스 단계별 종료 프로세스와 구매 조달관리 프로세스에서 종료 프로세스를 가지고 있다.

8. 프로젝트 관리 사례

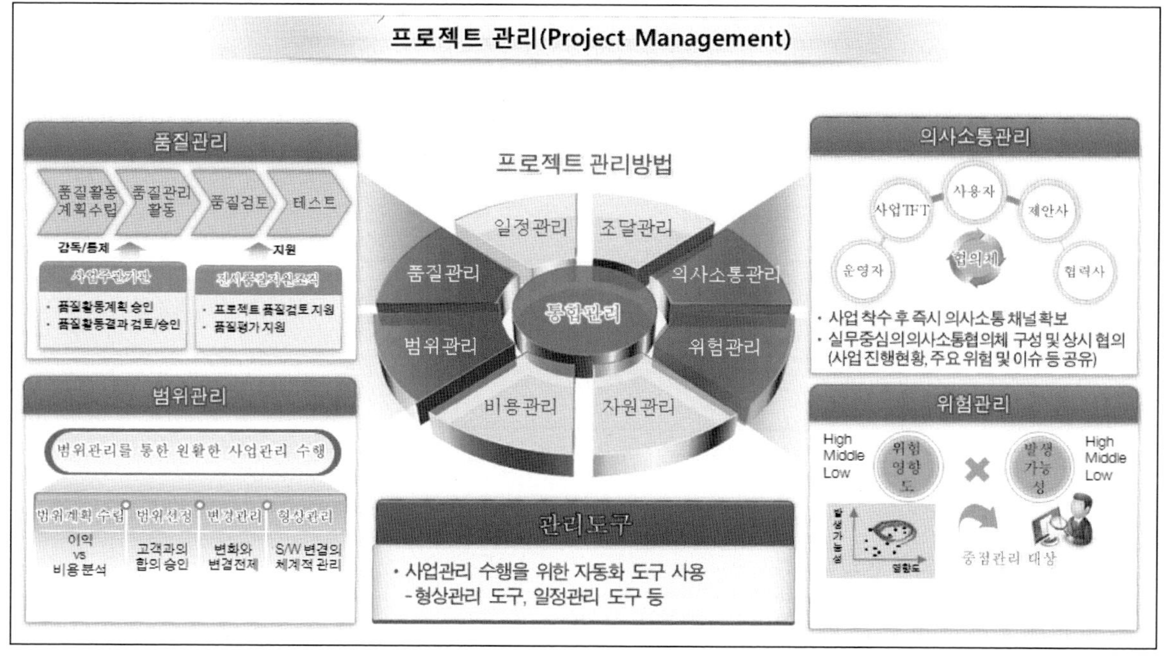

위의 내용은 SI(System Integration) 프로젝트의 제안서에서 프로젝트 관리를 어떻게 할지를 대략적으로 보여주고 있다. 범위, 품질, 위험, 의사소통 관리의 수행방법을 간략히 제시하고 있는 것이다.

PMP 임호진

프로젝트는 한시적이며, 고유한 제품을 만들어내며, 점진적으로 구체화되는 특징을 지닌 일련의 작업이다. 즉 모든 프로젝트의 일정에는 반드시 끝이 계획되어 있어야 하며, 동일한 제품을 만드는 작업이라면 프로젝트가 아닌 생산 작업이다. 이러한 특성을 지니는 프로젝트는 유사 프로젝트의 통합관리 목적이 있는 프로그램(Program) 기업의 통제 측면의 특성이 있는 포트폴리오 (Portfolio) 등의 개념과 구분지어 판단할 수 있어야 한다.

이러한 프로젝트는 여러 가지 제약조건을 가지고 있으며, 이를 준수하기 위하여 관리해야 할 영역이 있는 것이다. 제약조건이란 시간, 비용, 품질 등의 요소를 말하여 각 요소들은 서로 상충관계를 가지게 되어 프로젝트를 관리하는 목적은 이러한 제약들을 조화롭게 맞추어가는 것이라 할 수 있으며 이를 위한 관리해야 할 영역이 정의되었고 이것이 바로 PMBOK의 9가지 지식영역이 라고 이해하면 될 것이다.

프로젝트 관리 9가지 지식영역은 프로젝트의 관리 생명주기인 착수, 계획수립, 실행/통제, 종료에 걸쳐 각각의 Activity를 가지며 각각의 Activity를 학습하는 것이 사업관리 영역의 목표라고 보면 적절한 정의라 할 수 있다.

용어사전

① **프로젝트(Project)**
 - 전체적인 목적을 향한 일련의 활동들. 그 목적의 달성과 관련한 정보의 수집
 - 유일한 제품 또는 용역을 창출하기 위해 투입되는 일시적인 노력
② **프로젝트 관리(Project Management)**
 - 이해 당사자(Stakeholder)를 만족시키기 위하여 다양한 기술과 기법, 지식을 프로젝트에 적용하는 활동
③ **이해당사자(Stakeholder)**
 - 프로젝트 수행과 성공 여부와 관련하여 긍정적, 부정적으로 영향을 받는 개인 혹은 조직
④ **프로젝트 라이프 사이클(Project Life Cycle)**
 - 프로젝트를 수행하기 위해 프로젝트의 탄생에서부터 소멸에 이르는 전체 과정

:: 핵심 문제 풀이

금융 프로젝트에서 프로젝트 착수 프로세스를 단계마다 수행하는 이유로 가장 올바른 것을 선택하시오.

문제 1〉
① 통합관리를 수행하기 위해서이다.
② 비즈니스 목표 구현 여부에 집중하기 위해서이다.
③ 공식종료를 인정받기 위해서이다.
④ 단계 종료를 통해서 공식 산출물을 얻기 위해서이다.

정 답　②

문제풀이

– 프로젝트에서 착수 프로세스를 수행하는 것은 각 단계를 분명히 하고 다음 단계에 집중하여 목표하는 비즈니스를 구현하기 위해서이다. 각 단계를 분명히 하는 것은 보다 중요한 것에 집중할 수 있고, 각 단계별로 위험을 완화할 수 있는 장점을 가진다.

아래의 내용 중에서 프로젝트의 특징으로 틀린 것을 선택하시오.

문제 2〉
① 일시적 활동이다.
② 다른 활동에 비해 불확실성이 작기 때문에 위험요소가 작다.
③ 점진적으로 구체화된다.
④ 조직 전략을 구현할 수 있다.

정 답　②

문제풀이

– 프로젝트 일시적, 유일성, 점진적 구체화의 특성을 가지고 조직의 전략을 구현할 수 있다. 프로젝트는 초기 구체적인 요구사항 및 문제에 대한 분석이 되지 않기 때문에 불확실성이 크다. 이러한 불확실성은 프로젝트의 위험이며, 프로젝트가 진행되면서 불확실성이 제거되고 구체화된다.

아래의 내용 중에서 프로젝트 자원과 프로젝트 표준과 절차 준수 여부를 확인하는 집단을 가리켜 무엇이라고 하는지 선택하시오.

문제 3〉
① Change Control Board
② Focus Group
③ Value Review Board
④ Project Management Office

정 답　④

문제풀이

– PMO는 프로젝트 범위, 일정, 자원을 전사적인 측면에서 통합관리하는 프로젝트 전문 조직이다. PMP는 포트폴리오 관점에서 기업의 전략적 의사결정을 고려하고 프로젝트 표준, 절차를 수립하고 통제한다.

문제 4〉
프로젝트 품질표준, 운영정의 준수 여부를 심사하고 이해 관계자들에게 정보를 배포하는 프로세스는 어느 단계에 해당되는지 선택하시오.

① 기획 ② 실행 ③ 통제 ④ 종료

정 답　②

문제풀이

– 정보배포 프로세스는 실행 프로세스에 해당된다.

조직의 전략적 목표달성을 위한 관리개념은 무엇인지 선택하시오.

문제 5〉

① 프로젝트 관리
② 프로그램 관리
③ 프로젝트 관리와 프로세스 관리
④ 프로젝트 관리와 포트폴리오 관리

정 답　④

문제풀이

– 포트폴리오 관리는 기업의 전략적 목표달성을 위해서 기업의 전략을 파악하고 전략적 의사결정을 지원한다.

프로젝트와 창고부서의 관리자가 지시하는 업무도 수행해야 한다. 이러한 유형의 조직 특징에 해당되는 것은 무엇인가?

문제 6〉

① 승진이 명확하여 성과관리가 쉬운 특성이 있다.
② 문제에 대한 빠른 대응이 가능하다.
③ 진행단계에서 프로젝트팀원의 불안감이 극대화된다.
④ 권한 배분 및 갈등 발생이 높다.

정 답　④

문제풀이

– 프로젝트 조직과 창고부서의 두 명의 관리자가 업무를 지시하는 것을 매트릭스 조직이라고 한다. 매트릭스 조직은 프로젝트 조직과 기능조직을 통합한 것으로 제한된 자원으로 프로젝트를 수행하는 경우에 많이 나타난다. 이러한 경우 두 명의 관리자로 인하여 권한 배분 및 갈등이 발생확률이 높아진다.

프로젝트 일시성에 대한 설명으로 가장 올바른 것을 선택하시오.

문제 7〉

① 프로젝트의 시작과 종료일이 명확한 것을 말한다.
② 기간이 단기에 진행하는 것을 말한다.
③ 운영 기간의 유지기간이 유한적인 것이 특성이다.
④ 프로젝트의 목표달성 기회는 한번만 존재한다.

정 답　　①

문제풀이

– PMBOK에서 프로젝트 일시성, 유일성, 점진적 상세화라는 특성을 가진다. 그중 일시성은 시작과 종료일이 명확한 것이다. 이 뜻은 기간이 짧은 것을 의미하지는 않는다.

아래의 내용 중에서 프로젝트 프로세스로 가장 맞는 것은 무엇인지 선택하시오.

문제 8〉

① 기획, 착수, 실행
② 입찰, 낙찰
③ 기본설계, 상세설계, 테스트, 배포
④ 분석, 설계, 개발, 구현

정 답　　①

문제풀이

– 프로젝트 관리 프로세스 착수, 계획, 실행, 통제, 종료 프로세스로 이루어진다.

아래의 내용 중에서 프로젝트 포트폴리오 관리에 대한 설명으로 가장 올바른 것을 선택하시오.

문제 9〉
① 전략적 목표달성을 위해 프로젝트 및 프로그램을 통합관리
② 연관된 프로젝트들을 통합관리하여 효율성 높임
③ 프로젝트 결과물로 통합관리하여 산출물의 일관성을 유지
④ 프로젝트들을 통합관리하여 사업자의 성과를 극대화하는 전략

정 답　①

문제풀이

– 포트폴리오 관리는 기업의 전략적 목표달성을 위해서 기업의 전략을 파악하고 전략적 의사결정을 지원한다. 연관된 프로젝트들을 통합관리하기 위해서 프로그램 관리를 수행한다. 통합관리는 산출물의 일관성과 자원의 효율적 관리 및 성과를 극대화할 수 있다.

스폰서가 프로젝트 투자 결정 시 가장 중요한 고려 요소로 맞는 것은 무엇인가?

문제 10〉
① 조직구조
② 산출물 고유성
③ 법적 절차
④ 조직의 전략적 계획

정 답　④

문제풀이

– 프로젝트 스폰서는 프로젝트의 재부석 지원을 해주는 이해 관계자다. 스폰서는 프로젝트 투자의 타당성을 파악하고 투자 여부를 결정한다. 이때 기업의 비즈니스 전략을 파악하여 전략적 계획에 따라 프로젝트 투자를 결정할 수가 있다.

문제 11〉

PMO(Program Management Office)의 역할로 가장 올바른 것은 무엇인지 선택하시오.

① 프로젝트 자원관리 및 통제를 수행한다.
② 프로젝트 방법론 및 표준을 관리한다.
③ 프로젝트 계획을 수립하고 개발을 실행한다.
④ 프로젝트 제약 요소들을 관리한다.

정 답　②

문제풀이

– PMO는 프로젝트 방법론 및 표준을 정의하고 이것을 관리할 수 있다.

문제 12〉

프로젝트 관리자의 태도, 리더십, 성격을 무엇이라고 하는지 선택하시오.

① 지식(knowledge)
② 성과(performance)
③ 조직(organization)
④ 인성(personal)

정 답　④

문제풀이

– 프로젝트 관리자의 인성에 대한 설명이다.

프로젝트 생애 주기에 대한 설명한 것 중에 가장 적절한 것을 선택하시오.

문제 13〉

① 업종별로 동일한 프로젝트 단계로 구성한다.
② 한 단계가 공식적으로 종료된다는 것은 다음 단계의 착수가 승인된 것과 같다.
③ 단 하나의 단계만으로 구성된 프로젝트가 있을 수 있다.
④ 인수는 프로젝트가 완료된 후 최종 산출물에 대해서만 수행한다.

정 답　③

문제풀이

– 프로젝트 생애 주기는 프로젝트 시작과 실행, 종료에 이르는 각 과정을 의미한다. 각 과정은 초기에 불확실성이 높고 프로젝트가 진행되면서 불확실성은 감소하는 특징을 가진다. 프로젝트 생애 주기에서 프로젝트는 하나의 단계를 가지는 생애 주기가 있을 수 있다.

다음 중 프로젝트 특징이 아닌 것은 무엇인가?

문제 14〉

① Temporary
② Unique
③ Progressive elaboration
④ Repetitive

정 답　④

문제풀이

– 프로젝트는 일시적, 유일성, 점진적 상세화가 반복적이고 지속적인 운영(Operation)과 차이점이 있다.

프로젝트의 각종 산출물 및 경험정보 등의 정보자산을 조직 프로세스 자산으로 업데이트하는 활동을 해야 하는 사람은 누구에게 있는지 선택하시오.

문제 15〉
① 프로젝트 관리자
② 지식관리자
③ 프로젝트팀원들
④ 형상관리자

정 답　③

– 프로젝트의 조직 프로세스 자산은 프로젝트를 수행하면 얻은 산출물, 경험 등의 교훈이다. 이러한 것의 업데이트는 기본적으로 이해 관계자가 수행해야 한다. 하지만 본 지문에서는 이해 관계자가 없으므로 프로젝트팀원들이 수행해야 한다.

프로젝트 제약하는 3요소에 해당되지 않는 것을 선택하시오.

문제 16〉
① 범위
② 원가
③ 품질
④ 일정

정 답　③

– 프로젝트 3요소는 범위, 원가, 일정관리를 의미한다. 이것은 프로젝트 관리에서 가장 중요한 요소로 PMBOK은 식별하고 있는 것이다.

프로젝트 통합관리

1. 프로젝트 통합관리 개요

- 프로세스 및 프로젝트 관리 활동을 정의하고 결합 및 조정하여 필요한 프로세스와 활동을 관리하는 프로세스
- 프로젝트 관리 프로세스 그룹 내에 있는 다양한 프로세스와 프로젝트 관리 활동을 파악하고 정의, 결합, 조정을 하기 위해서 필요한 프로세스와 활동을 관리하는 것을 의미하고 이해 관계자의 기대사항을 성공적으로 관리하고 요구사항을 부합시키면서 프로젝트를 완료하기 위해서 프로젝트 관리 프로세스 그룹 간의 하부 프로세스를 효과적으로 통합하는 것을 의미

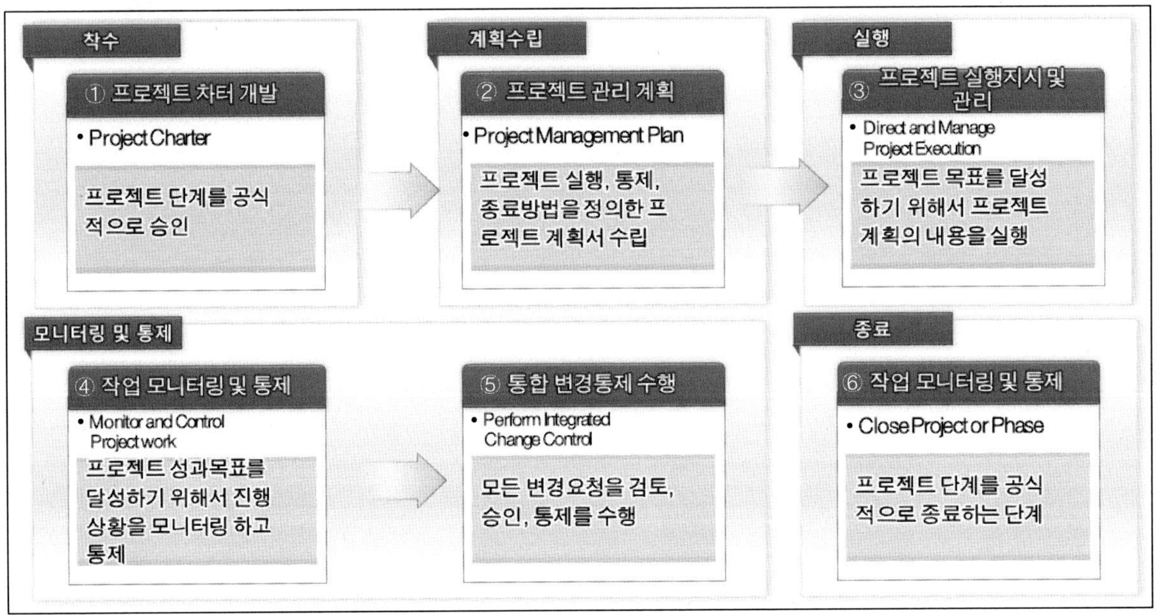

- 통합관리란, 종합적인 관점에서 프로젝트 여러 영역들에 대한 관리가 상호관련성이 있다는 것을 인식하고 각 요소들을 종합적이고, 일관된 시작으로 상충관계를 고려하여 관리함으로써 프로젝트의 최종 목표를 달성하기 위한 관리 프로세스이다.
- 이러한 통합관리의 책임은 프로젝트 전체를 파악하는 프로젝트 관리자에게 있다.

2. 프로젝트 차터(Project Charter) 개발 프로세스

(1) 프로젝트 차터 개발 단계

- 프로젝트 혹은 프로젝트 단계의 시작을 공식화하는 문서를 개발, 요구사항과 기대사항을 문서화하는 프로세스(초기 요구사항을 문서화하는 프로세스)
- 프로젝트 승인요인은 시장수요, 사회적 요구, 법률적 요구사항, 사업적 필요성, 고객요청, 기술진보를 고려하여 프로젝트를 승인

(2) 투입물(Input)

① **계약**: 외부 고객을 위해서 수행하는 프로젝트 투입물
② **프로젝트 SOW**: 프로젝트를 수행하여 제품의 특성을 기술한 문서
③ **기업 환경요인**: 정부 혹은 산업표준, 프로젝트 관리 정보 시스템((PIMS), 조직구조 및 인프라
④ **비즈니스케이스**: 비즈니스 관점에서 프로젝트가 필요한 투자인지 판단하는 정보, 시장수요, 조직요구, 고객요청, 기술진보, 법률규제 등

(3) 도구 및 기법(Tool & Techniques)

- **전문가 판단**
- 프로젝트 차디를 개발하는 데 투입물 평가
- 조직 내부의 다른 부서, 컨설턴트, 고객 또는 스폰서를 포함한 이해 관계자, 산업단체, 해당 주제 전문가, PMO

(4) 결과물(Output)

- **프로젝트 차터**: 프로젝트 혹은 프로젝트 단계를 공식적으로 승인한 문서, PM에게 권한을 제공하는 문서(프로젝트 차터 발행자: 발의자 및 스폰서)

- 프로젝트 관리 프로세스, 선정한 프로세스 구현수준
- 프로젝트 완수에 사용할 도구 및 기법
- 프로세스 간의 의존성, 상호작용, 필수적인 투입물과 산출물
- 프로젝트 목표를 달성하기 위한 실행방법
- 변경관리 및 형상관리 계획, 성과측정 기준선 유지방법, 의사소통 요구 및 방법 공개 이슈 및 보류 중인 결정 사항 내용

3. 프로젝트 관리 계획 프로세스

(1) 프로젝트 관계 계획

프로젝트 실행, 통제, 종료 방법을 정의한 프로젝트 계획서를 개발하는 프로세스

(2) 투입물(Input)

① **프로젝트 차터**: 비즈니스 요구, 고객요구, 새로운 제품 및 서비스 결과를 기술한 문서

② **계획수립 프로세스 결과물**: 프로젝트 지식영역에 있는 계획 프로세스 결과물(범위, 일정, 원가, 품질, 인력 등)

③ **기업환경요인**: 정부 혹은 산업표준, 프로젝트 관리 정보 시스템((PIMS), 조직 구조 및 인프라

④ **조직 프로세스 자산**

- 표준화된 지침, 작업지시, 제안서 평가 기준 및 성과측정 기준

- 공식적 회사표준, 정책, 계획, 절차, 기타 프로젝트 문서 수정 절차

(3) 도구 및 기법(Tool & Techniques)

- **전문가 판단**

- 프로젝트 요구에 맞도록 프로세스 조정

- 계획서에 포함시킬 기술, 관리 세부사항 개발

- 프로젝트 수행에 필요한 자원, 기량 기술

- 형상관리 수준 정의, 공식변경 통제 프로세스에 포함시킬 프로젝트 문서를 결정함

(4) 결과물(Output)

- **프로젝트 계획**

- 프로젝트 관리 프로세스, 선정한 프로세스 구현수준

- 프로젝트 완수에 사용할 도구 및 기법
- 프로세스 간의 의존성, 상호작용, 필수적인 투입물과 산출물
- 프로젝트 목표를 달성하기 위한 실행방법
- 변경관리 및 형상관리 계획, 성과측정 기준선 유지방법, 의사소통 요구 및 방법 공개 이슈 및 보류 중인 결정 사항 내용

4. 프로젝트 실행 지시 및 관리 프로세스

(1) 프로젝트 실행 지시 및 관리

−프로젝트 목표를 달성하기 위해서 프로젝트 계획의 내용을 실행하는 단계

(2) 투입물(Input)

① **프로젝트 관리 계획**: 프로젝트 목표를 달성하기 위한 실행방법

② **승인된 변경요청**

−프로젝트 범위를 확장 혹은 축소하는 변경사항을 승인받아서 문서화한 것

−프로젝트 계획서, 원가, 일정 등

③ **기업환경요인**: 정부 혹은 산업표준, 프로젝트 관리 정보 시스템(PMIS), 조직구조 및 인프라

④ **조직 프로세스 자산**

−표준화된 지침, 작업지시, 제안서 평가 기준 및 성과측정 기준

−공식적 회사표준, 정책, 계획, 절차, 기타 프로젝트 문서 수정 절차

(3) 도구 및 기법(Tool &* Techniques)

① **전문가 판단**: 프로젝트 계획서의 실행 지시 및 관리에 필요한 투입물 평가

② **PMIS**

−프로젝트 관리 정보 시스템

−일정관리, 소프트웨어 도구, 형상관리 시스템, 정보수집 및배포 시스템

(4) 결과물(Output)

① **산출물**: 프로젝트를 완료하기 위해서 산출하는 고유한 제품

② **작업성과보고**: 지속적으로 수집된 활동정보로 산출물 상태, 일정 진행률, 발생한 비용

③ **변경요청**: 프로젝트 후기에 발생할 부정적인 영향에 대비책으로 예방조치 혹은 시정조치가 포함됨

    a. 시정조치(Corrective Action)

    −프로젝트 작업의 향후 예상 성과를 프로젝트 관리 계획서 수준으로 달성하기 위해서 필요한 프로젝트작업을 실행하도록 문서화 지시 사항

    b. 예방조치(Preventive Action)

    −프로젝트 위험의 부정적인 영향력을 감소시키기 위해서 수행해야 하는 활동

    c. 결합수정(Defect Repair)

    −품질검사 혹은 감사 프로세스에서 발견된 제품에 대한 결함을 시정하기 위해서 수행해야 하는 활동

    d. 갱신(Update)

    −수정 혹은 추가된 아이디어나 내용을 반영하기 위해서 공식적으로 통제되는 문서, 계획 등에 대한 변경사항

④ **프로젝트 계획서 갱신**

⑤ **프로젝트 문서 갱신**: 요구사항 문서, 프로젝트 기록부(이슈, 가정 등), 위험등록부, 이해 관계자 등록부

5. 프로젝트 모니터링 및 통제

(1) 작업모니터링 및 통제

프로젝트 계획의 성과 목표를 달성하기 위해서 진행사항을 모니터링하고 통제

(2) 투입물(Input)

① **프로젝트 계획**: 프로젝트 목표를 달성하기 위한 실행방법

② **성과보고서**

－프로젝트팀 성과, 마일스톤, 식별된 이슈, 문제점 등을 기록한 보고서

－프로젝트 현황, 일정 기간에 달성한 성과, 일정 활동, 예측치, 이슈

③ **기업 환경요인**: 정부 혹은 산업표준, 프로젝트 관리 정보 시스템(PMIS), 조직구조 및 인프라

④ **비즈니스 케이스**: 비즈니스 관점에서 프로젝트가 필요한 투자인지 판단하는 정보, 시장수요, 조직요구, 고객요청, 기술진보, 법률규제 등

(3) 도구 및 기법(Tool & Techniques)

● **전문가 판단**

－모니터링 및 통제활동에서 제공된 정보를 해석

－프로젝트 성과를 기대치에 부합시키기 위해서 조치를 결정

(4) 결과물(Output)

① **변경요청**: 시정조치, 예방조치, 결함수정

② **프로젝트 계획서 갱신**: 일정, 원가, 품질, 범위 기준선, 일정 기준선, 원가 성과기준서갱신

③ **프로젝트 문서 갱신**: 예측자료, 성과보고서, 이슈로그

6. 통합변경 통제 수행 프로세스

(1) 통합변경 통제 수행

모든 변경요청을 검토, 승인, 통제를 수행

(2) 투입물(Input)

① **프로젝트 계획**: 프로젝트 목표를 달성하기 위한 실행방법

② **변경요청**

– 모든 프로젝트 모니터링과 통제는 산출물로 변경요청을 발생시킴

– 변경요청은 일반적으로 프로젝트 기준선에 영향을 주지고 않고 기준선 대비 성과에만 영향을 발생

③ **기업 환경요인**: 정부 혹은 산업표준, 프로젝트 관리 정보 시스템(PMIS), 조직구조 및 인프라

④ 조직 프로세스 개선

(3) 도구 및 기법(Tool & Techniques)

① **전문가 판단**

– 모니터링 및 통제활동에서 제공된 정보를 해석

– 프로젝트 성과를 기대치에 부합시키기 위해서 조치를 결정

② **변경 통제 회의**: 변경 통제위원회는 변경요청에 대한 승인 혹은 거부를 수행

(4) 결과물(Output)

① **프로젝트 관리 계획 갱신**: 모든 보조관리 계획서, 공식적인 변경 프로세스에 따른 기준선

② **프로젝트 문서 갱신**: 변경요청 기록부, 공식적인 변경요청 프로세스에 따른 모든 문서

7. 프로젝트 단계 종료 프로세스

(1) 종료 프로세스

프로젝트 단계를 공식적으로 종료하는 단계

(2) 투입물(Input)

① **프로젝트 관리 계획**: 프로젝트 목표를 달성하기 위한 실행방법

② **인도된 산출물**: 범위 검증 프로세스를 통해서 인수된 산출물

③ **조직 프로세스 자산**

－습득한 교훈 지식기반, 선례정보

－프로젝트 기록, 문서, 모든 프로젝트 종료 정보, 문서, 이전 프로젝트 선정, 결정 결과에 대한 정보, 이전 프로젝트 성과 정보, 위험관리 노력에 따른 정보

(3) 도구 및 기법(Tool & Techniques)

● **전문가 판단**: 행정적 종료 수행 시에 적용되고 전문가들이 프로젝트 종료에 대한 통제를 실행

(4) 결과물(Output)

① **최종제품, 서비스 결과물 이관**: 프로젝트 파일, 프로젝트, 단계 종료 문서, 선례정보

② **프로젝트 문서 갱신**: 공식적인 모든 문서

PMP 임호진

프로젝트 통합관리(Project Integration Management)는 프로젝트의 다양한 요소(element)들이 적절히 조정(coordinated)되도록 보장(ensure)하기 위해 필요한 프로세스들을 포함한다.

이러한 프로세스들은 상호작용(interact)을 하고 있으며, 또한 다른 지식영역의 프로세스들과도 연관되어 있다. 각각의 프로세스는 프로젝트의 요구에 근거하여 하나 또는 그 이상의 개개인 또는 그룹의 노력에 연관되어 있다. 일반적으로 각 프로세스는 모든 프로젝트의 단계(phase)에 적어도 한번씩은 나타나게 된다. 비록 여기에는 프로세스 등이 잘 정의된 분리된 요소(discrete component)로 표현되어 있지만 실제 이들은 중첩(overlap)되고 상호 연관되어 있다.

본 장에서 기술된 프로젝트 관리 계획서란 실무에서 흔히 사용하는 용어 중 수행계획을 서로 이해하면 된다. 수행계획서에는 앞으로 다루게 될 지식영역들의 계획단계에서 작성하게 되는 관리 계획을 포괄하는 내용을 다루고 있다고 생각하면 된다.

또한 프로젝트 착수단계에서 작성되는 프로젝트 헌장(Project Charter)은 우리 실정에서는 실제 사용되는 경우가 많지 않지만 시험에서는 중요하게 다루는 개념이므로 그 특징 및 작성 주체와 다루는 내용에 대하여 숙지하고 있어야 한다.

프로젝트에 직간접적인 영향을 미치고 받는 사람을 이해 관계자(stakeholder)라고 하며 실제 이해 관계자의 예제를 생각해 볼 필요가 있다.

PMBOK와 별도의 지식으로 추가적으로 프로젝트를 착수하기 이전에 프로젝트의 타당성을 분석하여 투자를 결정하기 위한 프로젝트 투자평가 기법들의 종류와 개념 특징을 파악해 놓아야 한다.

용어사전

① 경제적 부가가치, EVA(Economic Value Added)
- 기업측면에서 투자가의 요구이윤(=기대투자수익률=Cut off Rate=자본 비용) 이상으로 일정의 「재무회계적 이익」 못지않은 「경제적 수익」을 올렸는가를 가리키는 기업의 척도
- EVA = 세후영업이익 - 자본비용

② 제안서(Proposal)
- 사업을 어떻게 수행할 것인가를 포괄적으로 정리
- 고객이 평가를 통해 결정할 수 있는 근거자료 제시

③ 제안서 작성
- 고객요구에 대한 구체적 방안과 제안사의 사업수행 능력을 문서로서 제시하는 과정
- 고객이 제시하는 사업을 효과적으로 수주하는 것이므로 다각적인 요소를 함께 고려

④ 프로젝트 헌장
- 공공기관이나 회사에서 발행한 권리나 목적을 기술한 문서로서 프로젝트에 대한 개략적인 설명과 범위를 정의

⑤ 프로젝트 착수(Project Initiation)
- 프로젝트 목표 결정, 인도물 결정, 프로세스 산출물 결정,프로세스 제약을 문서화, 프로젝트 가정 문서화, 전략 정의성과 기준 식별, 자원 요건 결정, 예산 정의, 공식적인 문서 산출 순의 프로세스로 진행

:: 핵심 문제 풀이

아래의 내용 중에서 프로젝트 차터에 포함되어야 할 내용으로 올바르지 않은 것은 무엇인가?

문제 1〉
① 해당 프로젝트의 목적
② 제품 요구사항
③ 세부적인 예산비용과 그 근거
④ 상위 수준에서의 마일스톤 일정

정 답 ②

문제풀이

– 1프로젝트 차터(헌장)는 프로젝트 시작을 공식화하는 프로세스로 프로젝트 목적, 요구사항, 경영층의 보고 시점을 파악할 수 있는 마일스톤 등의 내용을 포함하지만, 예산에 대한 내용은 포함하지 않는다.

프로젝트 종료 시점에서 수행하는 업무로 틀린 것을 선택하시오.

문제 2〉
① 비용관련 재무기록
② 프로젝트 산출물이 요구사항과 일치하는지 검사하고, 수정 및 조치
③ 프로젝트 종료 기준을 달성하면 모든 활동을 완료
④ 프로젝트를 수행 시 얻게 된 교훈을 정리한다.

정 답 ②

문제풀이

– 프로젝트 종료는 고객에게 승인을 얻은 후 프로젝트 수행 중의 모든 경험적 교훈을 정리한다. 그 이후 팀을 해체하는 활동이다. 수정 및 조치는 종료 단계에서 수행하는 활동이 아니라 모니터링 및 통제 단계에서 수행하는 활동이다.

문제 3〉	프로젝트 계획 수립의 활동으로 틀린 것을 선택하시오. ① 프로젝트 계획은 반복적으로 수행되고 반복이 진행될 때마다 상세화되는 특징을 가진다. ② 프로젝트 계획 변경이 발생하면 반드시 성과 평가 기준에 반영되어야 한다. ③ 프로젝트 계획은 의사소통 계획서에서 정의한 것으로 배포되고 공유되어야 한다. ④ 프로젝트 일정 및 원가계획은 업무 범위의 정의를 근거로 이루어져야 한다.
정 답	②

문제풀이

– 프로젝트 계획 변경은 고객에 승인과 더불어 Baseline이 변경되는 활동이다. 하지만 프로젝트가 진행됨에 따라 요구사항이 구체화되는 과정에서 관련 문서들이 갱신될 수 있으므로 반드시 성과 평가 기준에 반영되어야 하는 것은 아니다.

문제 4〉	프로젝트 관리 계획서에 포함되어야 하는 내용이 아닌 것은 무엇인가 ? ① 마일스톤 List ② 인적자원의 업무 계획 ③ 포트폴리오 관리 계획 ④ 범위 기준선
정 답	③

문제풀이

– 프로젝트 관리 계획서는 통합관리 프로세스에서 프로젝트 관리자가 프로젝트에 대한 목표, 범위, 마일스톤, 인적자원, 제약사항과 가정 등을 계획하는 것이다.

프로젝트 관리자가 프로젝트 작업기술서 작성 시에 누구의 의견을 반영하여 작성해야 하는지 선택하시오.

문제 5〉　　① Project Sponsor
　　　　　② Project Manager
　　　　　③ Project Team
　　　　　④ Project Management Office

정 답　　①

문제풀이

– 프로젝트 작업기술서는 프로젝트 스폰서의 의견을 반영하여 작성되어야 한다.

고객 혹은 조직이 작성하고 프로젝트 진행해야 하는 이유, 투자 타당성, 기대 효과, 비용 등을 기술한 문서를 가리켜 무엇이라고 하는지 선택하시오.

문제 6〉　　① Business Case
　　　　　② 계약서
　　　　　③ RFP(Request For Proposal)
　　　　　④ RFI(Request For Information)

정 답　　①

문제풀이

– 비즈니스 케이스는 고객, 조직이 작성하고 프로젝트 진행 이유 및 타당성, 이해 관계자의 기대효과, 비용 등을 정리한 문서이다.

프로젝트 진행 시 '통합'에 대한 설명으로 틀린 것은 무엇인가?

문제 7〉

① 이해 관계자들 사이에서 상충되는 목표를 조정하여 합의한다.
② 다양한 프로젝트 관리 프로세스들을 조정하고 관리한다.
③ 단위 프로세스의 완료를 통합하고 고객과 이해 관계자들의 요구사항을 달성한다.
④ 서브 시스템을 상위 시스템으로 통합하여 운영 업무 성과를 극대화한다.

정 답   ④

문제풀이

– 통합은 종합적인 관점에서 하부 프로세스 조정하고 관리하는 활동으로 통합을 통하여 효율성을 극대화한다. 서브 시스템을 상위 시스템으로 통합 및 운영은 시스템 관점에서의 활동이다.

프로젝트 작업기술서에 반영되어야 하는 항목으로 가장 적절한 것은 무엇인지 선택하시오.

문제 8〉

① 제약조건, 가정, 조직 프로세스 자산
② milestone 및 PERT 차트
③ 작업 패키지, 작업 담당자, 문서 갱신 내용
④ 비즈니스 필요성, 제품범위 설명 및 전략적 계획

정 답   ④

문제풀이

– 프로젝트 작업 기술서는 프로젝트에서 수행해야 하는 활동 및 산출물, 일정 등을 포함하는 문서로 필요성, 제품범위, 전략적 계획 등을 포함한다.

문제 9〉	프로젝트 통합관리 프로세스에 대한 활동이 아닌 것은 무엇인지 선택하시오. ① 프로젝트와 프로세스를 착수할 수 있도록 공식 승인하는 문서인 프로젝트 차터 개발 ② 프로젝트 관리 계획들을 정의, 실행, 통합, 조정하는 데 필요한 모든 활동을 문서화하는 프로젝트 관리 계획서 개발 ③ 프로젝트 관리 계획서에 정의된 성과 목표를 달성하기 위해 착수, 계획, 수행, 종료 단계를 모니터링하고 통제하는 프로젝트 실행 및 관리 ④ 모든 변경요청 사항들을 승인, 통제하는 통합 변경 통제 수행
정 답	③

문제풀이

– 프로젝트 통합관리 프로세스는 프로젝트 관리 계획의 정의, 실행, 통합, 조정을 수행하고 프로젝트 관리 계획서와 프로젝트 시작을 공식화하는 프로젝트 차터 개발, 모든 변경요청을 승인 및 통제하는 변경 통제를 수행한다.

문제 10〉	프로젝트 통합관리 프로세스 중 비용, 자원, 시간이 가장 많이 투입되는 단계는 어디인가? ① 프로젝트 관리 계획서 개발 ② 프로젝트 실행 및 관리 ③ 프로젝트 작업 감시 및 통제 ④ 통합 변경 통제 수행
정 답	②

문제풀이

– 프로젝트 통합관리 프로세스에서 비용, 자원, 시간이 가장 많이 투입되는 단계는 실행 및 관리 단계이다.

프로젝트 차터가 프로젝트에 어떤 영향을 미치는지 가장 잘 설명한 것은 무엇인지 선택하시오.

문제 11〉

① 프로젝트를 진행하는 인적자원 정보와 가용성을 제공한다.
② 프로젝트 진행과정에서 수행해야 하는 작업을 단계별로 제공하고 자원과 매핑한다.
③ 프로젝트 성공에 대한 보상인 인센티브 및 실패에 대한 패널티 가이드를 제공한다.
④ 프로젝트 관리자가 조직에서 자원을 배정받을 수 있는 권한을 파악할 수 있다.

정 답　④

문제풀이

- 프로젝트 차터는 프로젝트 시작을 공식화하는 문서로 프로젝트 관리자에게 권한을 할당한다. 프로젝트 관리자는 권한을 위임 받아 프로젝트 관리 조직에 자원을 배정받을 수 있다.

단계별 프로세스 종료 후에 투입되는 것은 무엇인가?

문제 12〉

① 승인된 산출물
② 프로젝트 차터
③ 기업 환경 요인
④ 조직 프로세스 자산과 가용성 정보

정 답　①

문제풀이

- 단계별 프로세스 종료 후에 투입물(Input)은 승인된 산출물

다음 중 조직 프로세스 자산에 해당되지 않는 것은 무엇인가?

문제 13〉
① 표준 가이드 라인
② 교훈
③ 과거의 기록
④ PIMS(Project Information Management System)

정 답　　①

– 조직 프로세스 자산은 표준화된 지침, 정책, 계획, 절차 등을 의미하고 PIMS는 기업 환경요인에 해당한다.

다음 중 프로젝트의 비즈니스 필요성과 목표에 대해서 설명한 문서를 승인하고, 자금을 지원하는 자는 누구인가?

문제 14〉
① sponsor
② Project 팀원
③ PMO(Program Management Office)
④ Project Manager

정 답　　①

– 프로젝트 스폰서는 프로젝트 필요성, 타당성 및 프로젝트를 승인하고 자금을 지원하는 역할을 수행한다. 프로젝트 스폰서에게는 프로젝트 마일스톤에 대한 보고 및 중요한 위험요소 등에 대해서도 보고할 수 있다.

소프트웨어의 결함 원인분석을 위한 방안을 수립하였다면, 다음에 수행해야 하는 프로세스는 무엇인가?

문제 15〉
① 프로젝트 실행 및 관리
② 프로젝트 계획
③ 통합 변경 통제 수행
④ 품질통제

정 답　③

– 결함 원인분석 방안 이후 결함으로 인한 산출물(프로그램) 등의 통합 변경 통제를 수행한다. 모든 변경은 통합 변경 통제에서 관리한다.

프로젝트 타당성 분석을 완료 후 산출물은 무엇인가?

문제 16〉
① 프로젝트 차터
② RBS
③ WBS
④ OBS

정 답　①

– 프로젝트의 타당성을 분석하고 해당 프로젝트 수행이 타당하면 프로젝트 수행을 공식화하는 프로젝트 차터를 문서화한다.

아래의 내용 중에서 행정 종료 수행 단계는 무엇인지 선택하시오.

문제 17〉
① 프로젝트 종료
② 단계 종료
③ 프로젝트가 중간에 중단
④ 모두 해당

정 답 ④

문제풀이

– 행정적 종료는 프로젝트 종료, 각 단계 종료, 프로젝트 중단 모두를 포함한다.

다음의 프로세스 중 타당성 분석은 어느 단계에서 이루어지는지 선택하시오.

문제 18〉
① 착수
② 기획
③ 실행
④ 종료

정 답 ①

문제풀이

– 프로젝트 타당성 분석은 착수단계에서 수행하는 활동이다. 타당성 분석 후 착수단계에서는 프로젝트 차터 개발, 이해 관계자 식별 및 등록의 활동을 가진다.

프로젝트 관리 계획서에 반영되어야 하는 내용이 아닌 것은 무엇인가?

문제 19〉

① 요구사항 관리 계획
② 프로젝트 계획
③ 프로젝트 성과 평가 기준선
④ 위험식별, 주요 위험 분류 및 대응전략

정 답　④

– 프로젝트 관리 계획서는 프로젝트 관리 프로세스, 선정한 프로세스 구현 수준, 사용할 도구 및 기법, 프로세스 간의 의존성, 상호작용, 필수적인 투입물과 산출물, 프로젝트 실행방법, 변경관리 및 유지보수 방법 등을 포함한다.

위험식별, 위험 분류, 대응전략은 위험관리 프로세스에 해당되는 내용이다.

프로젝트 진행 중에 기술 구조 변경은 전체 개발 기간이 5개월가량 지연될 것으로 예측했다. 기술 구조의 변경 승인은 누가 하는 것인가?

문제 20〉

① 품질 관리자
② 프로젝트 관리자
③ 프로젝트 상위 관리자
④ 형상 통제 위원회

정 답　④

– 프로젝트 기술 구조에 대한 변경은 형상 통제 위원회의 권한이다.

다음 중 프로젝트 관리 계획서에 기술하는 내용이 아닌 것은 무엇인가?

문제 21〉

① 프로젝트를 착수하는 방법
② 프로젝트를 감시, 통제하는 방법
③ 프로젝트를 수행하는 방법
④ 프로젝트를 종료하는 방법

정 답　　①

문제풀이

– 프로젝트 관리 계획서는 전반적인 프로젝트 관리 방법을 포함하는 것이다. 그것을 위해서 프로젝트 목표, 범위, 관리 프로세스, 조직, 변경 통제 등을 포함하지만, 착수하는 방법을 포함하지는 않는다.

프로젝트 행정 종료 단계에서 최종적으로 수행하는 작업은 무엇인가?

문제 22〉

① 교훈 정리
② 프로젝트 산출물 정리
③ 팀원 해체
④ 프로젝트 종료 후 모든 기준에 충족 여부 확인

정 답　　③

문제풀이

– 프로젝트 종료는 경험적 교훈을 각 이해 관계자가 정리 후 팀원 해체를 수행하는 프로세스이다.

프로젝트 범위 관리

1. 프로젝트 범위 관리 개요

- 프로젝트 혹은 프로젝트 단계의 시작을 공식화하는 문서를 개발, 요구사항과 기대사항을 문서화 하는 프로세스
- 수행 가능한 업무를 관리 가능한 수준까지 분해해서 관리
- 프로젝트를 완료하기 위한 필요한 모든 산출물이 나타나는 부분
- 수행할 것과 수행하지 말아야 할 것을 정의하고 통제. 즉 불필요한 작업을 수행하지 않도록 관리 하는 것임
- PMBOK의 범위는 제품범위와 프로젝트 범위 모두를 포함하고 제품범위는 제품 요구사항으로 평 가하며 프로젝트 범위는 서비스, 결과물을 만들기 위해서 수행되는 작업

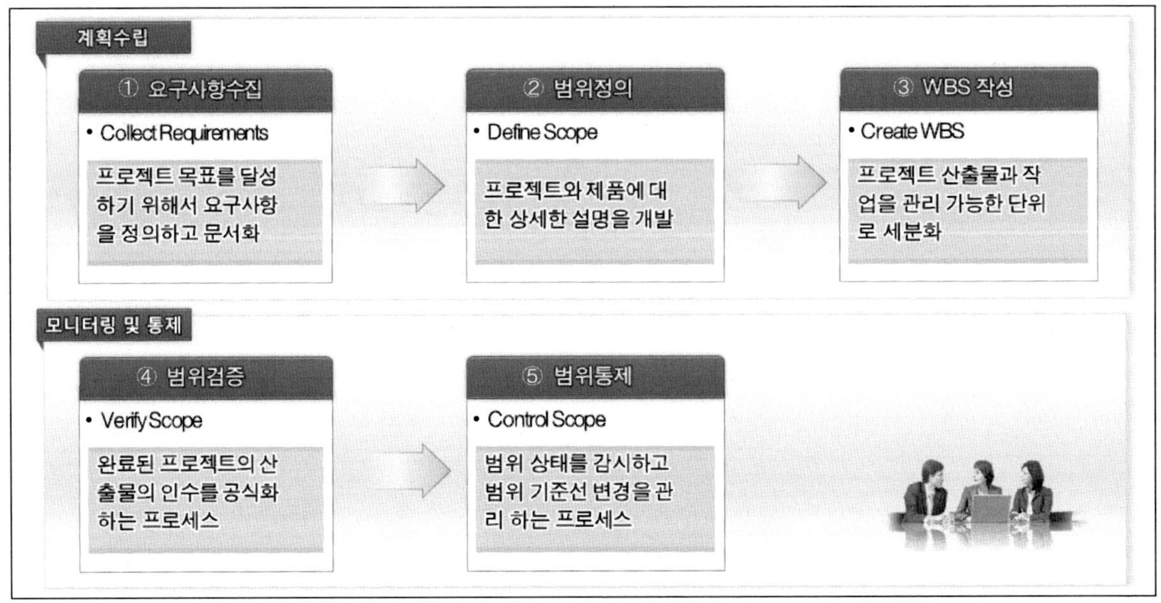

- 수요자: 추가 요청사항을 계속 프로젝트 범위에 추가하려고 함
- 공급자: 추가 요구사항은 범위 밖에 있음을 입증해야 함

2. 요구사항 수집 프로세스

(1) 요구사항 수집
- 프로젝트 혹은 프로젝트 단계의 시작을 공식화하는 문서를 개발. 요구사항과 기대사항을 문서화하는 프로세스
- 요구사항은 WBS 수립의 기초, 원가, 일정, 품질 계획 수립의 기초가 됨
- 프로젝트 요구사항의 종류는 프로젝트 요구사항과 제품 요구사항으로 분류됨

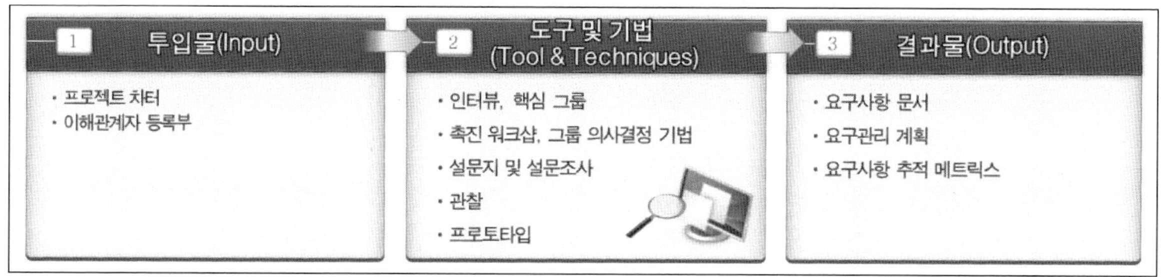

(2) 투입물(Input)
① **프로젝트 차터:** 프로젝트 요구사항과 프로젝트 제품 설명을 정확한 수준으로 제공
② **이해 관계자등록부:** 이해 관계자를 확인

(3) 도구 및 기법(Tool & Techniques)
① **인터뷰, 핵심그룹**
- 직접 대화를 통한 공식적 및 비공식적 수집
- 선별된 이해당사자와 해당 주제 전문가

② **촉진 워크숍**
- 복잡한 기능 이해 관계자가 제품 요구사항을 정의
- 브레인스토밍, 명목 그룹기법, 델파이 기법, 아이디어/마인드 매핑, 친화도

③ **그룹 의사결정**
- 제품 요구사항 분류, 우선순위 결정
- 만장일치, 과반수, 다수결, 독재기법

④ **설문지 및 설문조사**
- 수많은 응답자로 신속하게 의견 수렴

─응답자가 광범위하거나, 신속한 자료 수집이 요구될 때 사용, 통계적 분석이 유용함
⑤ **관찰:** 개개인이 담당업무, 작업, 프로세스를 수행하는 방법을 직접 관찰, 요구사항을 명확히 설명하기 어려울 때 사용
⑥ **프로토타입:** 요구사항에 대한 조기 피드백을 확보하기 위해서 사용

(4) 결과물(Output)

① 요구사항 문서
─개별 요구사항이 프로젝트 비즈니스 요구사항과 매핑되고 상위 수준에서 점점 구체화됨
─제안사항과 프로젝트 수행사유를 설명하는 비즈니스 요구
─비즈니스 및 프로젝트 목표
─기능적 요구사항, 비기능적 요구사항, 품질 요구사항
─인수기준, 조직의 운영원칙을 분석하는 비즈니스 규칙
─수행조직 내부 혹은 외부의 다른 주체에 미치는 영향력 지원, 교육 요구사항, 가정과 제약

② 요구관리 계획
─전체 프로젝트의 요구사항을 분석, 문서화하고 관리하는 방법
─요구사항 활동에 대한 계획, 추적, 보고방법
─요구사항 변경 착수방법, 영향력 추적, 영향력 분석 및 탐지 방법, 요구사항 변경 승인의 권한수준
─사용할 제품지표, 해당 지표 사용이유 요구사항 추적에 관한 사항

③ 요구사항 추적매트릭스
─요구사항에 대해서 프로젝트 생명주기 전반에 걸친 추적표
─비즈니스 요기, 기회, 목표 및 목적에 대한 요구사항
─프로젝트 목표에 관한 요구사항
─프로젝트 범위 및 WBS 산출물에 대한 요구사항
─제품 설계 및 개발에 대한 요구사항
─테스트 전략, 테스트 시나리오에 대한 요구사항
─상위 수준부터 상세 수준까지 모든 요구사항

3. 범위 정의 프로세스(Define Scope)

(1) 범위 정의

프로젝트 및 제품에 대한 세부적인 기술서 개발과 프로젝트 의사결정을 위한 기준자료가 되는 상세한 범위기술서 개발

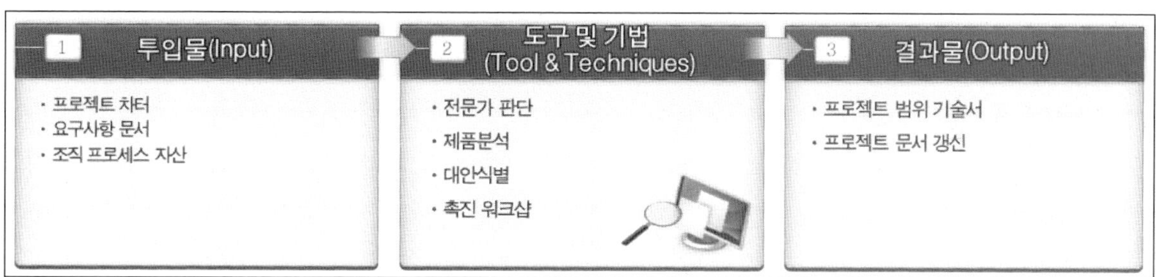

(2) 투입물(Input)

① **프로젝트 차터**: 상위 수준의 프로젝트 설명과 제품특성을 제공

② **요구사항 문서**: 기능적, 비기능적, 품질요구사항, 가정과 제약

③ **조직 프로세스 자산**

－프로젝트 범위기술서에 대한 정책, 절차, 템플릿

－과거 프로젝트에서 만들어진 프로젝트 파일 이전 단계 혹은 프로젝트에서 교훈

(3) 도구 및 기법(Tool & Techniques)

① **전문가 판단**: 범위기술서를 개발하는 데 필요한 정보 분석

② **제품 분석**: 제품분해, 시스템 분석, 요구사항 분석, 시스템 공학, 가치공학, 가치분석 기법

③ **대안식별**: 프로젝트 작업을 수행할 방법, 브레인스토밍, 수평적 사고, 이원비교 등

④ **촉진 워크숍**

－복잡한 기능 이해 관계자가 제품 요구사항을 정의

－브레인스토밍, 명목 그룹기법, 델파이 기법, 아이디어/마인드 매핑, 친화도

(4) 결과물(Output)

① **프로젝트 범위기술서**

－프로젝트의 산출물과 산출물을 생성하기 위한 작업을 설명

- **제품범위 명세서:** 프로젝트 차터와 요구사항 문서에 설명된 제품, 서비스, 결과 특성을 점진적으로 구체화
- **제품 인수기준:** 완료된 제품, 서비스, 결과의 인수 프로세스 및 기준 정의
- **프로젝트 산출물:** 프로젝트 제품 혹은 서비스를 구성하는 산출물, 프로젝트 관리보고서, 문서 등 모두 포함
- **프로젝트 제외사항 및 제약사항**
- **프로젝트 가정사항:** 가정이 오류로 판명되는 경우 잠재적 영향력 설명, 가정을 식별하여 문서화하고 유효성 확인

② **프로젝트 문서 갱신:** 갱신되는 문서는 이해 관계자등록부, 요구사항 문서, 요구사항 추적 매트릭스

 설명: *범위기술서(SOW)의 주요 특징*

- 프로젝트의 산출물과 이러한 산출물을 만들기 위해서 필요한 작업을 상세히 기술한 문서
- 평가하기 위한 기준을 제공하는 문서
- 제품의 범위와 프로젝트 범위가 함께 기술
- 주로 범위에 초점을 두며, 일정, 원가, 위험은 개략적으로 기술
- 제품 인수기준 포함
- 범위정의 프로세스 결과물

설명: *범위기술서(SOW)의 내용*

- 프로젝트 목표
- 제품범위기술: 프로젝트 제품, 서비스, 특징 기술
- 프로젝트 요구사항: 계약, 표준, 스펙 등 프로젝트 산출물이 달성해야 하는 조건
- 프로젝트 한계: 프로젝트에 포함할 것과 포함되지 말아야 할 것
- 프로젝트 산출물
- 제품인수기준
- 프로젝트 제약조건
- 프로젝트 가정
- 초기 프로젝트 조직
- 초기 정의된 리스크
- 일정 마일스톤
- 자금한계
- 원가 산정치
- 형상관리 요구사항
- 프로젝트 스펙
- 승인된 요구사항

4. WBS 개발 프로세스

4.1 WBS(Work Breakdown Structure)

(1) WBS 개발

프로젝트 산출물과 작업을 더 작고 관리 가능한 요소들로 세분화하는 프로세스

용어사전

① WBS(Work Breakdown Structure)
 − 프로젝트팀에서 프로젝트 목표를 달성하기 위한 필요한 산출물을 산출하기 위한 실행할 작업을 계층형 구조로 세분화한 작업 리스트
② Work Package
 − 최하위 수준 WBS 구성요소
 − 작업 패키지 일정을 계획, 원가산정, 감시 및 통제를 수행

(2) WBS 사례

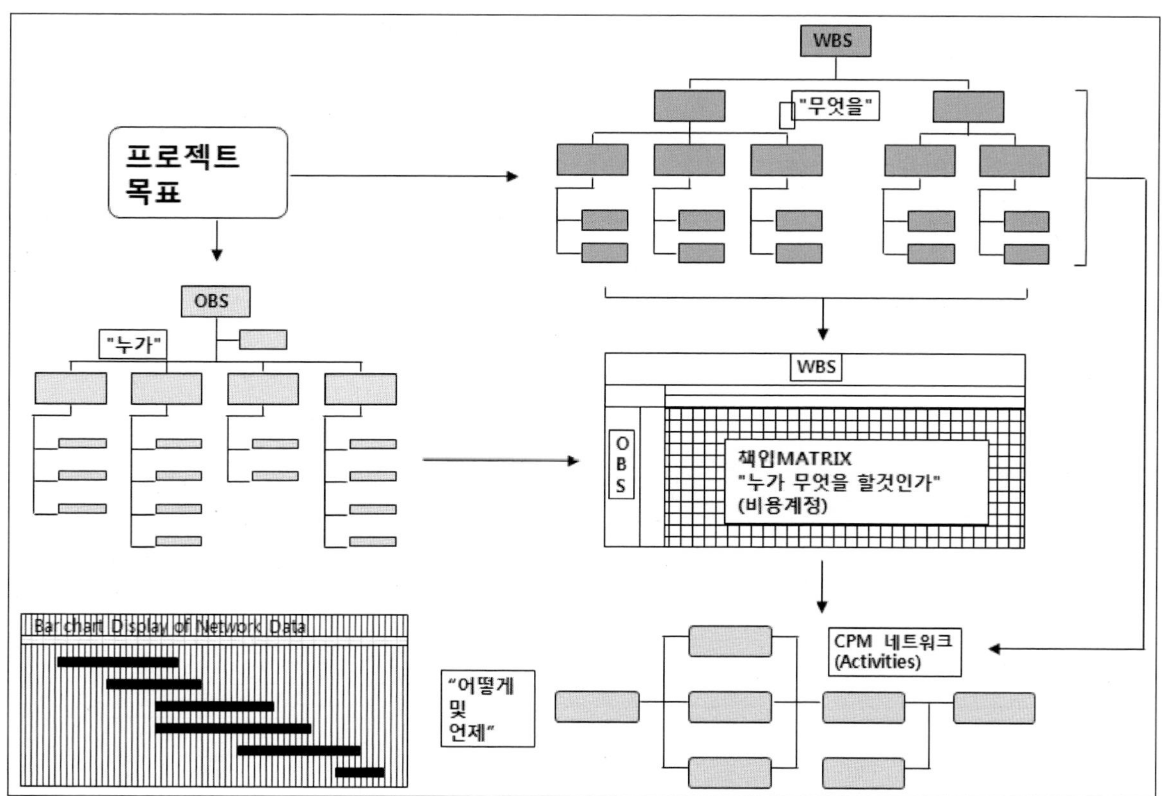

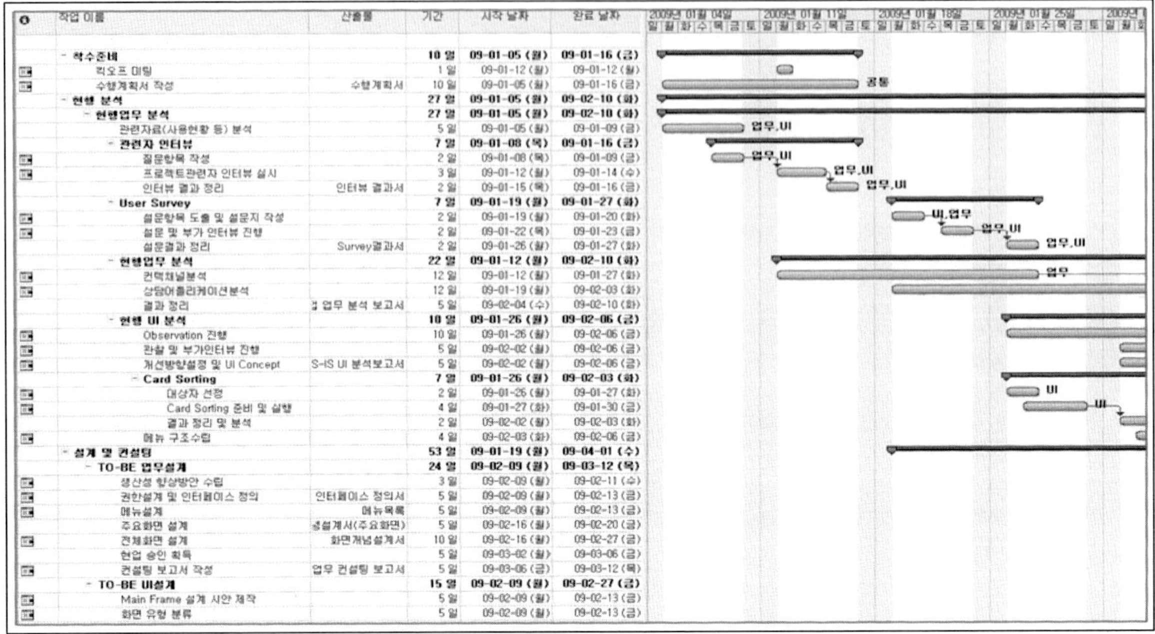

작업 이름	산출물	기간	시작 날짜	완료 날짜
- 착수준비		10 일	09-01-05 (월)	09-01-16 (금)
킥오프 미팅		1 일	09-01-12 (월)	09-01-12 (월)
수행계획서 작성	수행계획서	10 일	09-01-05 (월)	09-01-16 (금)
- 현행 분석		27 일	09-01-05 (월)	09-02-10 (화)
- 현행업무 분석		27 일	09-01-05 (월)	09-02-10 (화)
관련자료(사용현황 등) 분석		5 일	09-01-05 (월)	09-01-09 (금)
- 관련자 인터뷰		7 일	09-01-08 (목)	09-01-16 (금)
질문항목 작성		2 일	09-01-08 (목)	09-01-09 (금)
프로젝트관련자 인터뷰 실시		3 일	09-01-12 (월)	09-01-14 (수)
인터뷰 결과 정리	인터뷰 결과서	2 일	09-01-15 (목)	09-01-16 (금)
- User Survey		7 일	09-01-19 (월)	09-01-27 (화)
설문항목 도출 및 설문지 작성		2 일	09-01-19 (월)	09-01-20 (화)
설문 및 부가 인터뷰 진행		2 일	09-01-22 (목)	09-01-23 (금)
설문결과 정리	Survey결과서	2 일	09-01-26 (월)	09-01-27 (화)
- 현행업무 분석		22 일	09-01-12 (월)	09-02-10 (화)
컨텍채널분석		12 일	09-01-12 (월)	09-01-27 (화)
상담어플리케이션분석		12 일	09-01-19 (월)	09-02-03 (화)
결과 정리	걸 업무 분석 보고서	5 일	09-02-04 (수)	09-02-10 (화)
- 현행 UI 분석		10 일	09-01-26 (월)	09-02-06 (금)
Observation 진행		10 일	09-01-26 (월)	09-02-06 (금)
관찰 및 부가인터뷰 진행		5 일	09-02-02 (월)	09-02-06 (금)
개선방향설정 및 UI Concept	S-IS UI 분석보고서	5 일	09-02-02 (월)	09-02-06 (금)
- Card Sorting		7 일	09-01-26 (월)	09-02-03 (화)
대상자 선정		2 일	09-01-26 (월)	09-01-27 (화)
Card Sorting 준비 및 실행		4 일	09-01-27 (화)	09-01-30 (금)
결과 정리 및 분석		2 일	09-02-02 (월)	09-02-03 (화)
메뉴 구조수립		4 일	09-02-03 (화)	09-02-06 (금)
- 설계 및 컨설팅		53 일	09-01-19 (월)	09-04-01 (수)
- TO-BE 업무설계		24 일	09-02-09 (월)	09-03-12 (목)
생산성 향상방안 수립		3 일	09-02-09 (월)	09-02-11 (수)
권한설계 및 인터페이스 정의	인터페이스 정의서	5 일	09-02-09 (월)	09-02-13 (금)
메뉴설계	메뉴목록	5 일	09-02-09 (월)	09-02-13 (금)
주요화면 설계	상설계서(주요화면)	5 일	09-02-16 (월)	09-02-20 (금)
전체화면 설계	화면개념설계서	10 일	09-02-16 (월)	09-02-27 (금)
현업 승인 획득		5 일	09-03-06 (금)	09-03-06 (금)
컨설팅 보고서 작성	업무 컨설팅 보고서	5 일	09-03-06 (금)	09-03-12 (목)
- TO-BE UI설계		15 일	09-02-09 (월)	09-02-27 (금)
Main Frame 설계 시안 제작		5 일	09-02-09 (월)	09-02-13 (금)
화면 유형 분류		5 일	09-02-09 (월)	09-02-13 (금)

4.2 WBS 개발 프로세스의 주요 내용

> ### *WBS 개발 프로세스*
>
> - 프로젝트 산출물들과 작업을 더 작고 관리 가능한 요소로 분할하는 프로세스
> - 범위기술에 있는 주요 프로젝트 산출물과 프로젝트 작업을 상세화시키는 프로세스
> - 관리 가능한: 작업 패키지가 관리 가능해야 하고 일정·원가·자원 추정이 가능해야 함, 수행할 작업의 책임과 역할을 정의·작업 완성을 평가하고 통제 가능해야 함
> - 분해수준: 정확한 투입노력의 상충관계를 고려해서 분해해야 함. 통상적으로 각 작업 패키지에 원가추정, 일정추정, 책임 할당이 가능한 수준까지 분해
> - 분해의 수는 80시간 룰(1인이 2주 내에 수행할 수 있는 작업 단위)
> - WBS는 프로젝트 범위에 대한 기준선 역할을 하게 됨

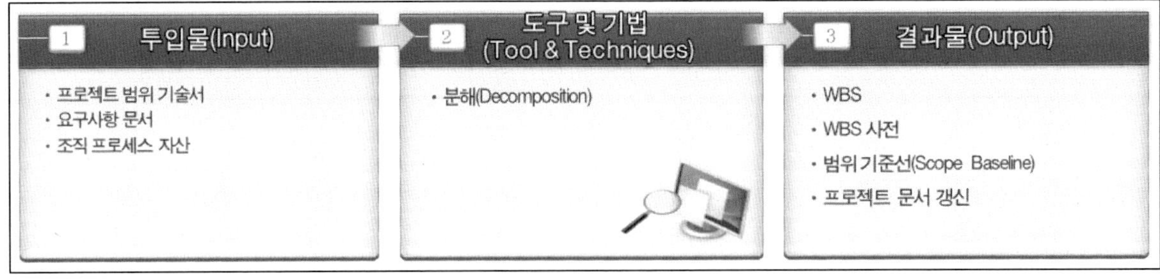

(1) 투입물(Input)

① **프로젝트 범위기술서:** 프로젝트 산출물과 산출물을 생성하기 위한 작업명세

② **요구사항 문서:** 기능적, 비기능적, 품질요구사항, 가정과 제약

③ **조직 프로세스 자산**

　－WBS에 대한 정책, 절차, 탬플릿

　－과거 프로젝트 파일, 습득된 교훈

(2) 도구 및 기법(Tool & Techniques)

● **분할**

　－프로젝트 작업과 산출물이 작업 패키지 수준으로 정의될 때까지 세분화

　－작업의 원가와 활동 기간을 신뢰할 수 있는 수준(하위 수준 요소의 합은 상위 수준 요소)

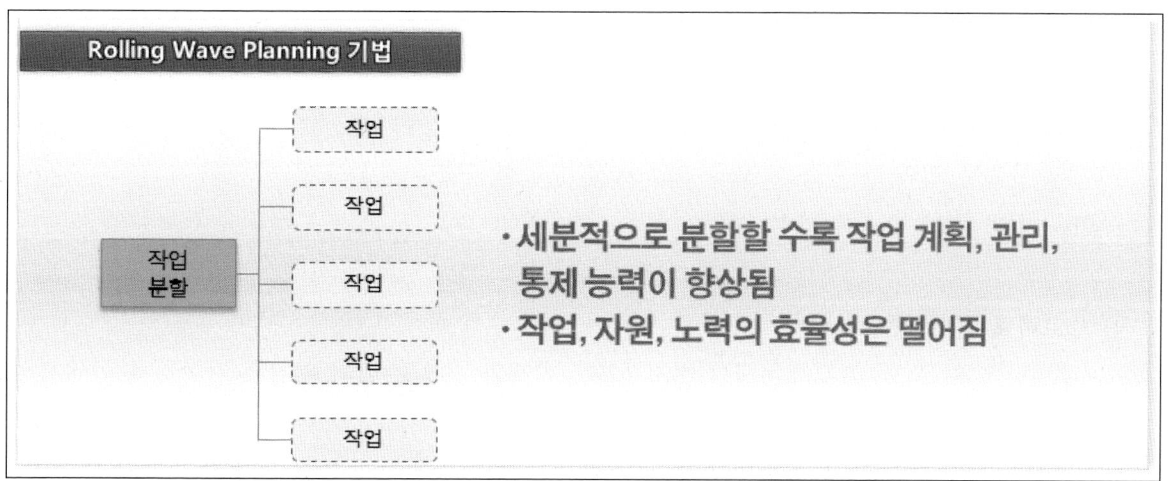

　－산출물 혹은 하위 프로세스가 명백해진 후 세부적으로 분할하는 것을 Rolling Wave Planning이라고 함

WBS 분해과정
－프로젝트 주요 산출물과 관련 작업을 파악 －WBS로 구성 －WBS 상위 수준을 하위 요소로 분해 －각 요소에 식별코드를 할당 －분해수준이 충분한지를 검증

(3) 결과물(Output)

① WBS: 프로젝트팀에서 프로젝트 목표를 달성하기 위해서 필요한 산출물을 산출하기 위한 실행 작업을 계층구조로 표현(WBS는 범위추가 = Scope Creep을 예방할 수 있는 도구, 즉 명확한 범위 정의를 통해서 범위추가를 예방함)

② WBS 사전
-WBS 구성요소, 즉 Work Package에 대한 상세한 설명
-관리 단위 식별코드, 작업설명, 담당 조직, 일정 마일스톤 목록, 연관된 일정 활동
-필요한 자원, 원가 산정치, 품질 요구사항, 인수기준, 기술 참고 문헌
-계약정보

③ 범위 기준선
-프로젝트 계획서의 구성요소
-프로젝트 범위기술서: 제품범위 설명, 프로젝트 산출물, 인수기준 정의
-WBS: 산출물 정의, 산출물을 Work Package로 분할한 구조
-WBS 사전: WBS 요소에 대한 설명

④ 프로젝트 문서 갱신
-요구사항 문서, WBS 프로세스에서 변경요청이 발생할 경우 승인된 변경을 반영하기 위해서 요구사항 문서가 갱신

5. 범위 검증(Verify Scope)

(1) 범위 검증

- 완료된 산출물에 대해서 이해 관계자들의 공식적인 승인(Formal Acceptance) 획득
- 승인 인수된 산출물 문서화, 완료 및 거부된 문서도 포함
- 프로젝트 인수와 관계가 있고, 프로젝트 단계 중 혹은 프로젝트 단계 끝에 수행

(2) 투입물(Input)

① 프로젝트 관리 계획

- 프로젝트 관리 계획서는 범위 기준서가 포함됨
- 범위기술서는 WBS, Work Package, WBS사전

② **요구사항 문서:** 프로젝트, 제품, 기술, 인수기준 제시

③ **요구추적 매트릭스:** 요구사항을 각각 연결하고 프로젝트 생명주기에 걸쳐서 추적

④ **확증된 산출물:** 품질통제 프로세스에서 검사를 마친 산출물

(3) 도구 및 기법(Tool & Techniques)

- **검사**

- 제품 인수기준을 충족하는지 판별
- 검수와 확인 활동 포함
- 이해 관계자와 함께 검토하는 활동으로 Review, Walkthrough, Inspection 모두를 통칭함(즉, Check List를 활용하여 검사하는 방법임)

(4) 결과물(Output)

① **승인된 산출물:** 고객 혹은 스폰서가 공식적으로 서명하고 인수

② **변경요청:** 인수되지 않는 산출물은 거부사유와 함께 문서화, 범위를 검증하다보면 추가적인 변경요청이 발생할 수 있음

③ **프로젝트 문서 갱신:** 제품 또는 보고서의 상태를 정의하는 모든 문서

<table>
<tr><td><u>*범위 검증과 품질통제 차이점*</u>

−품질통제는 산출물들이 품질 요구사항에 부합하는지를 검증하는 것으로 일반적으로 범위 검증 이전에 수행됨(병행 가능)</td></tr>
</table>

6. 범위통제(Control Scope)

- 제품범위의 상태를 감시, 범위 기준선 변경을 관리하는 프로세스
- 프로젝트 및 제품범위의 현황을 모니터링하고 범위 기준선의 변경사항을 관리하는 프로세스
- 범위 변경요소: 정부 정책변경, 고객 프로세스 변경, 잘못된 요구사항
- 범위 변경은 반드시 통제된 변경 프로세스에 의해서 진행됨
- 만약 통제되지 않는 변경사항은 범위추가(Scope Creep)로 간주함

(1) 투입물(Input)

① 프로젝트 관리 계획

- 범위 기준선, 범위 관리 계획서, 변경관리 계획서
- 형상관리 계획서, 요구사항 관리 계획서

② **작업 성과보고:** 프로젝트 진행상태, 산출물 개시 여부와 진행 정도, 완료된 산출물 정보

③ **조직 프로세스 자산:** 기존의 공식적, 비공식적 범위 통제 정책, 절차, 지침, 감시 및 보고 방법

④ **요구사항 문서:** 프로젝트, 제품, 기술, 인수기준 제시

⑤ **요구사항 추적 매트릭스:** 요구사항을 각각 연결하고 프로젝트 생명주기에 걸쳐서 추적

(2) 도구 및 기법(Tool & Techniques)

- **편차분석:** 초기 범위 기준선과 차이를 평가, 계획대비 차이를 분석하여 적합한 의사결정을 하게 하는 기법(모든 통제영역에 포함된 기법임)

(3) 결과물(Output)

① 작업 성과 측정치: 이해 관계자에게 보고를 하기 위해서 해당 영역의 계획대비 실제성과 측정치 정보를 기록

② 조직 프로세스 자산 갱신: 차이원인, 시정조치와 채택 이유, 습득한 교훈

③ **변경요청:** 프로젝트 계획서 내의 범위 기준선 변경, 기타 기준선 변경

④ **프로젝트 문서 갱신:** 기준선, 관리 계획, 문서정보 갱신

PMP 임호진

프로젝트범위 관리는 프로젝트를 성공적으로 완수하기 위하여 프로젝트가 오직 필요한 모든 작업을 포함하고 있다는 것을 확신하기 위해 필요한 프로세스들을 포함한다. 이는 기본적으로 프로젝트에 무엇이 포함되고 안되는지 정의하고 제어하기 위함이다.

이러한 프로세스들은 서로 상호작용을 하고 있으며, 또한 다른 지식영역의 프로세스들과도 연관되어 있다. 각각의 프로세스는 프로젝트의 요구에 근거하여 하나 또는 그 이상의 개개인 또는 그룹의 노력에 연관되어 있다. 일반적으로 각 프로세스는 모든 프로젝트의 단계(phase)에 적어도 한번씩은 나타나게 된다.

당연히 프로젝트범위를 관리하기 위해 사용되는 프로세스, 도구, 기법은 이 장의 주요논제이다. 제품(product) 범위를 관리하기 위해 사용되는 프로세스, 도구, 기법은 응용범위에 따라 다양하고 보통 프로젝트수명주기의 부분으로 정의된다.

이 장에서 가장 중요한 개념은 역시 범위를 정의한 최종 산출물인 WBS(Work Breakdown Structure)이다. WBS는 범위를 개발하기 위한 도구이며, WBS에 포함되지 않은 항목은 프로젝트에서 수행할 필요가 없다. 중요한 점은 WBS는 범위를 표현하기 위한 도구이지 일정을 관리하기 위한 도구는 아니라는 것이다. 즉 WBS를 통해 만들어지는 범위를 확장하여 일정을 개발하고 관리하는 것이지 이를 통해 직접 일정을 관리하는 개념은 아니라는 것이다. WBS의 최하위 노드인 Work Package를 분해하여(하지 않아도 된다.) 만들어지는 Activity를 기준으로 일정을 수립하고 관리하는 것이다. 시험을 대비하기 위해서는 WBS의 구성요소, 관리/작성 원칙 및 활용에 관한 내용을 철저히 숙지해야 한다.

PMBOK와는 별개로 현장에서 범위 관리를 위하여 많이 사용하는 개념인 SOW(Statements Of Works)에 관한 내용도 숙지해 둘 필요가 있다.

정의된 범위가 통제없이 증가하는 현상을 Scope Creep이라고 한다. 이를 방지하기 위한 최선의 방법은 우선 WBS를 명확히 작성하는 것이다. 범위가 명확하게 정의되지 않는다면 증감 역시 인지하지 못하므로 이를 방지하기 위한 가장 중요한 항목은 WBS를 명확히 정의하는 것이며, 이후에는 범위 통제 활동을 수행해야 한다.

또한 본 단원에서는 전문가를 활용한 의사결정 기법인 델파이 기법을 다루었다. 델파이 기법은 범위 정의만을 위한 기법이라기보다는 일정, 원가, 위험 등의 분야에서 하향식으로 전문가의 의견을 통해 의사결정하는 기법으로 그 특징에 대하여 학습해 두어야 한다. 즉 한자리에 모이지 않으며, 반복적인 설문을 통해 합의에 이루는 방법과 그 특징을 학습해 두어야 한다.

용어사전

① **범위 변경(Scope Creep)**
   - 신규 요구사항이 기존의 사양에 조금씩 추가되는 것
② **Workaround**
   - 변경이나 위험에 대응할 때 체계적으로 계획을 세우고 명문화하여 처리하는 것이 아니라 간단하게 즉석에서 처리하는 일의 방법
③ **범위 변경관리(Scope Change management)**
   - Scope management plan과 Scope change control system(변경절차서)에 근거하여 범위 변경을 관리하는 것을 의미
   - WBS와 작업성과를 토대로 변경으로 인한 영향력을 분석하고 변경 절차서를 작성한 후 시정조치와 WBS의 변경, 일정과 원가의 변경을 실시

∷ 핵심 문제 풀이

시스템 개발 프로젝트에서 WBS의 하위 항목들의 분할 방법으로 가장 적합한 방법은 무엇인지 선택하시오.

문제 1〉

① WBS 상위 항목을 하위수준으로 분할한 후에 상위 항목과 매핑되는지 확인한다.
② 최하위 수준의 항목은 70시간 내로 분할되었는지 확인한다.
③ WBS 분할이 6단계 이상 분할되었는지 여부를 확인한다.
④ 하위 항목을 수행하면서 상위 항목이 구현되는지 확인한다.

정 답　④

문제풀이

– WBS는 프로젝트의 전체 작업을 포함하는 작업 분류체계이다. 각 작업은 관리할 수 있는 단위로 분할되어야 하며 PMI에서는 2주 단위(80시간)의 작업을 Work Package라고 한다. 하위항목으로 분할된 작업은 다시 묶으면 상위 항목과 매핑되며 이것은 전체 프로젝트의 범위를 파악할 수가 있는 것이다.

아래의 내용 중에서 범위 검증 시에 필요한 투입물은 무엇인지 선택하시오.

문제 2〉

① 프로젝트 범위기술서, WBS, WBS 사전, 활동리스트
② 승인된 산출물, 프로젝트 문서 업데이트, 프로젝트 범위기술서, 변경요청서
③ 프로젝트 관리 계획서, 확인된 산출물, 요구사항 문서
④ WBS, 프로젝트 헌장, 프로젝트 범위기술서, 활동리스트

정 답　③

문제풀이

– 프로젝트 범위 검증은 파악된 범위에 대해서 고객이 검증하는 것으로 요구사항 문서, 확인된 산출물, 프로젝트 관리 계획서를 투입물로 한다.

<table>
<tr><td rowspan="6">문제 3〉</td><td>다음 중 WBS(Work Breakdown Structure)의 사용 용도로 틀린 것은 무엇인가?</td></tr>
<tr><td>① 자원, 원가, 일정을 추정하기 위해서 사용할 수 있다.</td></tr>
<tr><td>② 프로젝트 현황과 진행 상황을 보고하기 위한 기준의 척도로 사용할 수 있다.</td></tr>
<tr><td>③ 프로젝트팀과 이해 관계자들 사이의 원활한 의사소통을 위해서 사용할 수 있다.</td></tr>
<tr><td>④ 프로젝트 라이프사이클에서 수행하는 활동들의 일정과 방법을 규정하기 위해서 사용할 수 있다.</td></tr>
</table>

정 답   ④

문제풀이

- WBS는 범위 관리에서 가장 중요한 문서이다. 그것은 전체 프로젝트에서 수행해야 하는 작업과 수행하지 않아도 되는 작업을 볼 수 있고 각 단계에 포함되어 있는 잠재적 위험을 식별할 수도 있다.
WBS는 조직 분류체계인 OBS와 자원분류 체계인 RBS와 매핑되어서 프로젝트 범위와 책임, 역할 및 자원을 관리할 수 있다. 이러한 것을 활용하여 자원, 원가, 일정을 추정, 의사소통 및 진행사항을 파악할 수 있는 것이다.

프로젝트 라이프 사이클에서 활동의 일정과 방법은 일정관리에서 수행하는 프로세스이다.

문제 4〉

프로젝트 현황 검토회의에서 일정 및 원가가 계획되고 진행된다고 보고했지만, 프로젝트 스폰서는 결과 산출물이 기대수준 이하라고 판단하여 인수를 검수했다. 스폰서의 기대수준에 부합하기 위해서는 프로젝트 원가가 5만 달러, 기간은 2개월 정도가 더 필요하다. 이러한 일이 발생하지 않도록 하기 위해서 어떤 활동을 수행해야 하는지 선택하시오.

① 품질 통제와 범위 검증
② 요구사항 수집과 범위 정의
③ 위험 식별과 분석
④ 범위 통제와 통합 변경 통제

정 답   ③

문제풀이

- 위험 식별과 분석활동을 수행해야 한다.

일정, 범위, 예산을 통합한 획득가치와 성과 관리하는 시점으로 WBS와 OBS(Organization breakdown structure)가 매핑하는 항목을 무엇이라고 하는가?

문제 5〉　① Work package
　　　　　② Activity
　　　　　③ Control account
　　　　　④ Task

정 답　③

문제풀이

– WBS는 작업 분류이고 OBS는 조직분류이다. 프로젝트 관리자는 관리할 수 있는 요소로 WBS와 OBS를 매핑한다. 이것을 Control Account라고 한다.

WBS가 프로젝트 성과 통제를 위한 기준이 될 수 있는 근거는 무엇인가?

문제 6〉　① 프로젝트 과업범위에 원가, 자원, 일정이 계획에 잘 반영되어 있고 OBS와도 직결
　　　　　② 프로젝트 관리, 정기적인 회의 등 관리활동이 핵심활동들을 계층적으로 분할
　　　　　③ 프로젝트 라이프사이클에 따라 통제해야 하는 활동을 시간 순서로 기술
　　　　　④ 프로젝트에 영향을 끼친 외부환경과 문제 해결을 위한 방법을 식별할 수 있음

정 답　①

문제풀이

– WBS는 프로젝트 범위, 원가, 일정, 계획과 각 조직이 연결되어서 사용될 수 있으므로 성과 통제를 위한 기준이 될 수 있다.

프로젝트 범위 기준선에 반영되어야 하는 것은 무엇인가?

문제 7〉

① 작업 패키지, Planning Package, 통제 단위 Scope creep
② 프로젝트 작업 기술서, 프로젝트 범위기술서, 조달 작업 기술서, 활동 목록
③ WBS, WBS Dictionary, 프로젝트 범위기술서
④ 프로젝트 헌장, 요구사항 정의서

정 답　③

문제풀이

– 프로젝트 범위 기준선(Scope Baseline)에 반영되어야 할 것인 WBS, WBS Dictionary, 프로젝트 범위기술서다.

프로젝트 범위 및 산출물 범위의 종료 여부를 어떤 기준으로 결정할 수가 있는가?

문제 8〉

① 프로젝트 작업 기술서, 프로젝트 범위기술서
② 프로젝트 헌장, 조달 작업 기술서
③ WBS, Work Package
④ 프로젝트 관리 계획서, 제품 요구사항

정 답　①

문제풀이

– 프로젝트 범위에 대한 완료가 되어야 작업 종료를 결정할 수 있으므로 프로젝트 작업 기술서, 프로젝트 범위기술서로 종료 여부를 결정할 수 있다.

프로젝트 목표에 부합되는지 도출된 요구사항으로 프로젝트를 시작했고 프로젝트 단계를 수행하면서 정상적으로 구현되었는지 확인하기 위한 도표를 작성하였다. 이 도표는 어느 프로세스에서 필요한가?

문제 9〉

① 범위계획, 범위 정의, WBS 작성
② 품질계획, 품질보증, 품질 통제
③ 범위 정의, 프로젝트 헌장 작성, 범위 검증
④ 범위 통제, 범위 검증

정 답　④

문제풀이

– 범위 통제는 프로젝트 범위 계획서를 활동하여 진행사항을 통제하고 시정조치를 수행한다. 범위 검증은 요구사항을 정확히 도출했고 분석했는지 확인하는 작업이다.

다음 중 프로젝트 범위 관리 영역을 통해 알 수 없는 것은 무엇인가?

문제 10〉

① 프로젝트 헌장
② WBS
③ 프로젝트 범위기술서
④ 프로젝트 범위 관리 계획서

정 답　①

문제풀이

– 프로젝트 헌장(차터)은 통합관리 프로세스에서 수행하는 프로세스로 프로젝트 착수를 공식화하는 프로세스이다.

프로젝트 종료 직전에 프로젝트 스폰서는 처음에 요청사항 외에 신규 기능을 추가로 요구했다. 어떤 방법을 통해 요청사항을 관리하여야 하는가?

문제 11〉

① 프로젝트 범위 재정의
② 제품 분석
③ 범위 변경 통제시스템
④ 범위기술서

정 답　②

문제풀이

– 프로젝트 요구사항이 발생하면 공식적인 변경요청, 제품분석, 변경관리 위원회 의사결정 및 통제시스템 반영 등을 수행한다.

프로젝트 초기 단계에서 고객의 기대치에 관한 내용이 주로 어디에 반영되는가?

문제 12〉

① 이슈 관리, 프로젝트 행정관리, 프로젝트 수행, 프로젝트 종료 프로세스
② 의사소통 방법, 일정관리, 변경 통제 계획
③ 프로젝트 진척 보고서, 위험 관리 계획서, 이슈 보고서, 변경계획, 성과보고서
④ 요구사항, 범위, 인수기준

정 답　④

문제풀이

– 프로젝트 착수단계에서 이해 관계자를 식별하고 이해 관계자의 기대치를 관리해야 한다. 이러한 기대치는 요구사항, 범위, 인수기준에 반영되어야 한다.

다음 보기 중에 WBS를 업데이트해야 할 상황은 어느 것에 해당되는지 선택하시오.

문제 13〉
① 프로젝트 수행 중 새로운 산출물이 정의
② 활동들 간에 새로운 의존관계가 형성
③ 프로젝트 수행 기간이 변경
④ 프로젝트 투입 자원의 원가가 변경

정 답　　①

－ WBS는 각 작업별로 인도해야 할 산출물 리스트를 포함한다. 그러므로 프로젝트 수행 중에 새로운 산출물이 정의되면 WBS는 변경되어야 한다.

프로젝트 요구사항을 관리 가능한 작은 단위로 프로젝트 주요 산출물을 분할하는 것은 무엇인가?

문제 14〉
① 범위 정의
② 요구사항 수집 및 정의
③ WBS 작성
④ 활동 목록

정 답　　③

－ 관리 가능한 작은 단위를 만들기 위해서 분해하는 작업은 WBS 작성에 해당된다.

프로젝트의 이해 관계자들이 결과물의 변경을 지속적으로 요청하고 있다. 요청 사항의 대부분은 긴급성의 때문에 비공식으로 처리되었다. 이로 인해 확정한 범위 기준선과 프로젝트에서 구현된 결과물의 형상 차이 문제점이 발견되었다. 이와 같은 상황을 무엇이라고 하는가?

문제 15〉

① 연동 기획(Rolling wave planning)
② 범위 크립(Scope creep)
③ 골드 플랫팅(Gold plating)
④ 심문(perquisition)

정 답　　②

문제풀이

– 범위 크립은 PMI에서 가장 지양하는 것으로 비공식적인 변경요청을 의미한다.

프로젝트에서 WBS를 작성하는 사람은 누구인지 선택하시오.

문제 16〉

① 프로젝트팀
② 프로젝트 관리자
③ 경영층
④ 프로젝트 스폰서

정 답　　①

문제풀이

– WBS의 작성은 프로젝트팀원이 수행한다. 팀원이 수행해야 하는 이유는 해당 내용을 보다 정확하게 파악할 수 있고, 타 작업의 관계를 파악할 수 있으며 이로 인해서 동기부여 등의 장점을 가지기 때문이다.

시스템 품질을 높이고 사용자들이 필요로 하는 기능을 구현하고자 한다면 다음 중 어떤 기법이 적당한가?

문제 17〉　① JAD
　　　　　② SWOT 분석
　　　　　③ 델파이 기법
　　　　　④ 브레인스토밍

정 답　①

– JAD(Joint Application Design)으로 사용자와 함께 설계하는 활동이다. 이것은 사용자, 즉 고객이 프로젝트팀원으로 참여하여 같이 설계활동을 수행하는 것을 의미한다.

문제 해결책을 파악하거나 제품 기능 및 사양의 요구사항을 수집하기 위해 조정자가 세션을 진행하면서 참여자들의 아이디어를 최대한 많이 도출해 내고 제시된 의견에 대해서는 상호 비판할 수 없는 기법은 무엇인지 선택하시오.

문제 18〉　① SWOT 분석
　　　　　② 브레인스토밍
　　　　　③ RAD
　　　　　④ 포커스 그룹

정 답　②

– 브레인스토밍은 많은 아이디어를 도출하고자 할 때 자유로운 분위기에서 참여자들의 아이디어를 수집하는 활동이다. 브레인스토밍은 아이디어 도출을 위해서 참여를 독려해야 하므로 참여자들의 상호비방을 금지하고 있다.

프로젝트 종료 직전에 고객이 사소한 변경을 요청했다. 이러한 경우 PM이 행하는 행동으로 가장 적절한 것은 무엇인가?

문제 19〉

① 아무런 조치를 하지 않고 고객에게 계약서 상의 모든 사항을 수행했음을 알린다.
② 프로젝트 승인을 위해서 수용한다.
③ 현재 상황에서 변경이 필요하지 않음을 이해시킨다.
④ 고객의 변경 사항에 대해서 변경요청서를 작성하여 제출토록 요청한다.

정 답　④

문제풀이

– 고객의 모든 변경은 변경요청서를 작성하여 공식적으로 수행하도록 하고 있다.

범위 변경의 발생 원인이 아닌 것을 선택하시오.

문제 20〉

① 반드시 제공해야 하는 기능을 누락시키고 정의한 경우
② 법, 제도 혹은 정책 변경으로 인하여 프로젝트 결과에 영향을 준 경우
③ 상향식 추정법을 사용해야 하는 경우
④ 기획한 기술의 변화로 더 이상 해당 기술이 사용되지 않는 경우

정 답　③

문제풀이

– 상향식 추정은 프로젝트의 요구사항이 보다 명확히 정의된 경우 수행할 수 있는 것으로 전체 프로젝트 범위를 정확하기 파악하는 방법이다. 반대로 하향식 추정은 개발 초기에 요구사항이 명확하지 않는 단계에서 빠르게 추정하기 위해서 사용된다.

	프로젝트 범위통제 기법인 차이 분석의 목적은 무엇인가?
문제 21〉	① 프로세스가 통제범위 내인지 외부인지 여부를 판단할 수 있다. ② 프로젝트 목표 대비 실적의 차이를 파악하고 실적이 저조하면 그에 따른 원인을 파악하고 시정조치 여부를 결정하기 위해서 사용된다. ③ 진행된 프로젝트 현황을 통해 향후 진행될 프로젝트 수행기간 및 원가를 예측하기 위해서이다. ④ 프로젝트 산출물이 고객의 요구사항의 충족 여부를 평가하기 위해서이다.
정 답	②

문제풀이

– 차이 분석이라는 것은 계획대비 실적을 비교하여 시정조치 여부를 결정하기 위해서 사용된다.

	브레인스토밍을 통해서 도출된 많은 아이디어를 정리하는 방법으로 가장 적당한 것은 무엇인가?
문제 22〉	① 산점도 ② 친화도 ③ 명목 집단 기법 ④ 마인드맵
정 답	②

문제풀이

– 친화도는 브레인스토밍으로 도출된 아이디어를 유사한 내용으로 그룹하여 관리하는 방법이다.

프로젝트 일정 관리

1. 프로젝트 일정 관리 개요(Project Time Management)

(1) 프로젝트 일정 관리(Project Time Management)
　- 프로젝트를 적시에 완료할 수 있도록 관리하는 프로세스

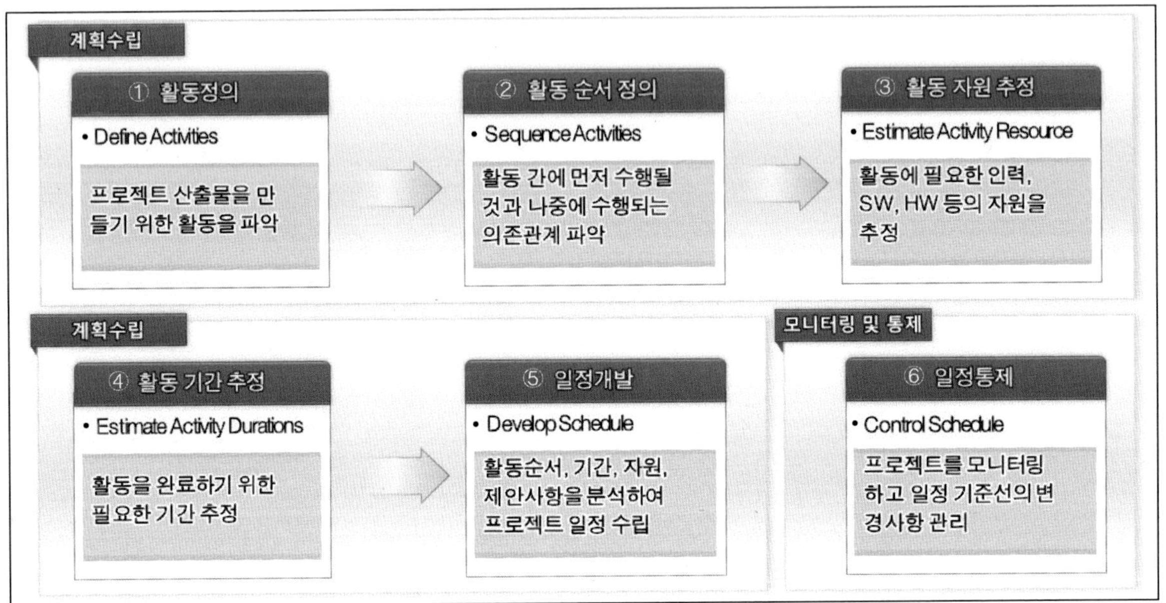

(2) 일정관리 프로세스

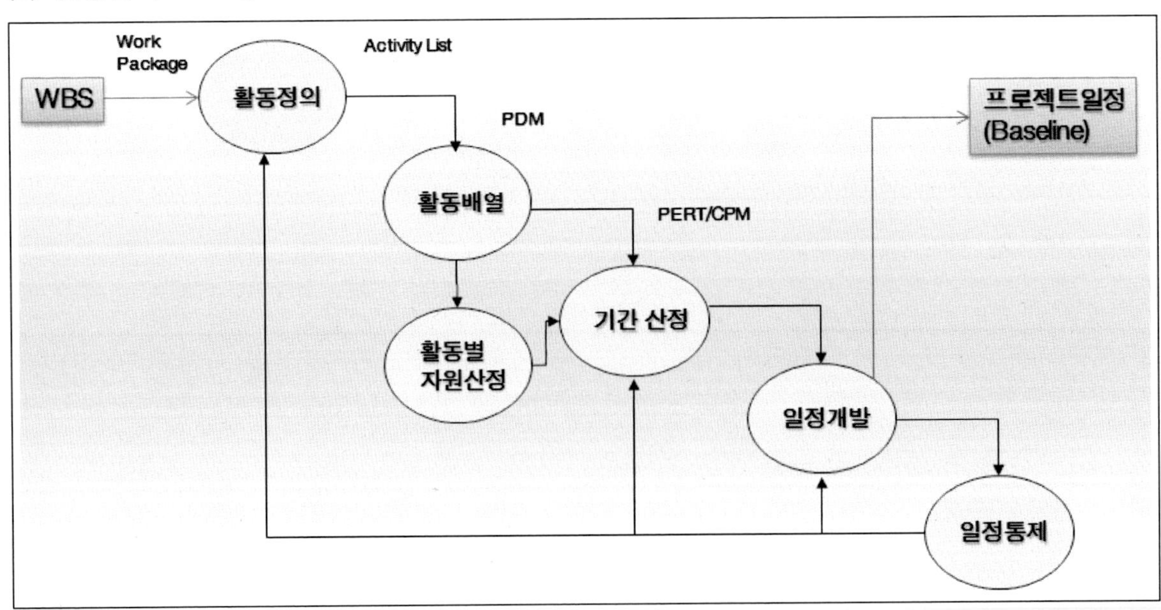

(3) Work Package와 Activity

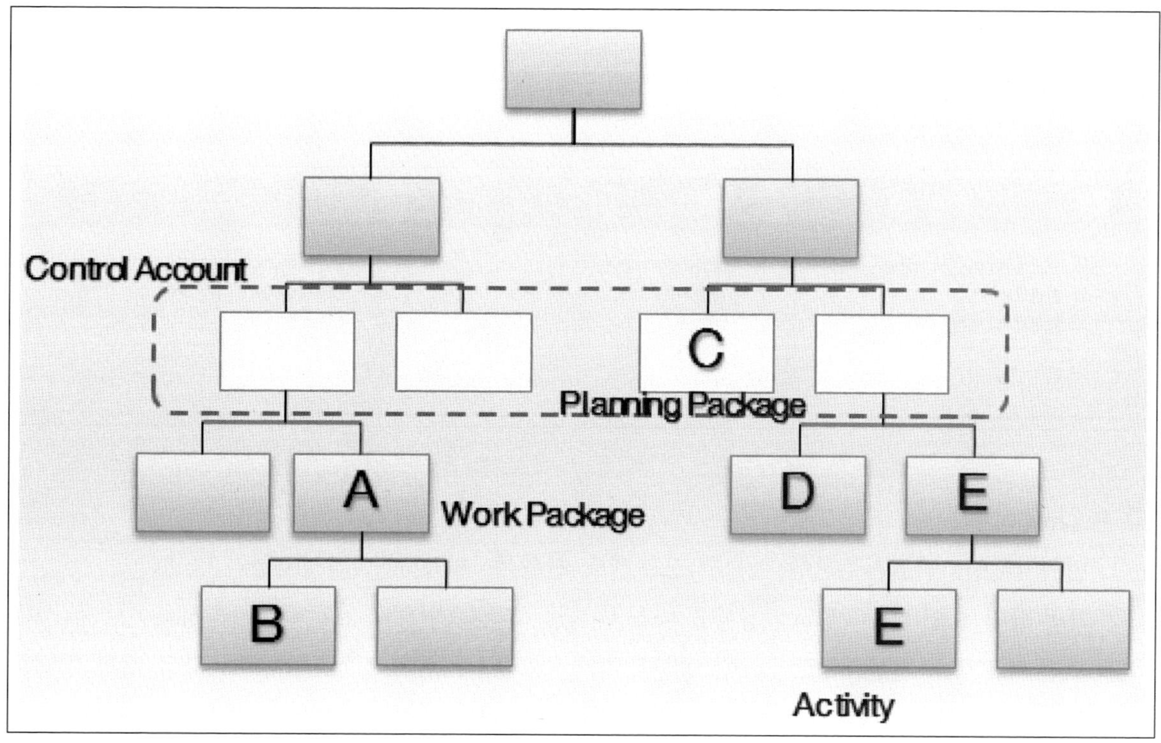

① WBS Work Package와 Activity

−Work Package: What to do

−Activity: How to do

−Activity는 Work Package를 상세화한 것으로 일정 계획을 위한 단위

② Planning Package

−정보부속으로 충분히 분할되지 않는 상태

③ Control Account

−관리 및 통제 단위

2. 활동정의(Define Activities)

프로젝트 산출물을 생성하기 위한 구체적인 활동을 식별, WBS의 Work Package를 식별하여 더 작은 요소로 분할하는 프로세스

(1) 투입물(Input)

① **범위기준선:** 범위기준선에 기술된 프로젝트 산출물, 제약사항, 가정사항

② **기업 환경 요인:** 프로세스에 영향을 미칠 수 있는 환경요인으로 프로젝트관리정보 시스템(PMIS)

③ **조직 프로세스 자산:** 프로세스에 영향을 미칠 수 있는 정책, 절차, 지침(예: 일정 계획 방법론)

(2) 도구 및 기법(Tool & Techniques)

① **분할**

－WBS의 Work Package를 활동하기 위한 작은 요소로 세분화

－프로젝트 산출물이 아닌, 활동으로 산출물을 정의

② **연동기획:** 가까운 시일에 완료할 작업은 상세히 계획, 장기적 작업은 WBS 상위수준에서 계획
 (예: 정보가 확실한 것은 활동으로 분할)

③ **템플릿:** 표준 활동 목록 혹은 과거 프로젝트 활동 목록 활용

④ **전문가 판단:** 경험 및 지식이 풍부한 전문가들이 활동을 정의함

(3) 결과물(Output)

① **활동 목록:** 프로젝트에 필요한 모든 활동 리스트로 작업범위 설명 및 활동 식별코드를 표현

② **활동속성**

－활동 구성요소를 파악하는 것으로 활동ID, WBS ID, 활동이름, 활동코드, 활동설명, 선행 및 후행 활동, 논리관계, 선도 및 지연, 자원 요구사항

－ 지정 일자, 제약 일자, 가정 등 포함

③ **마일스톤:** 프로젝트의 중요한 시점 또는 사전으로 모든 마일스톤을 파악하고 마일스톤이 계약
　서에서 요구한 필수사항 인지, 선례정보를 따르는 선택사항인지 여부를 표현함

(4) Rolling Wave Planning 기법

－프로젝트를 수행하면서 정보가 구체화되어 계획이 점진적으로 상세화되는 방식

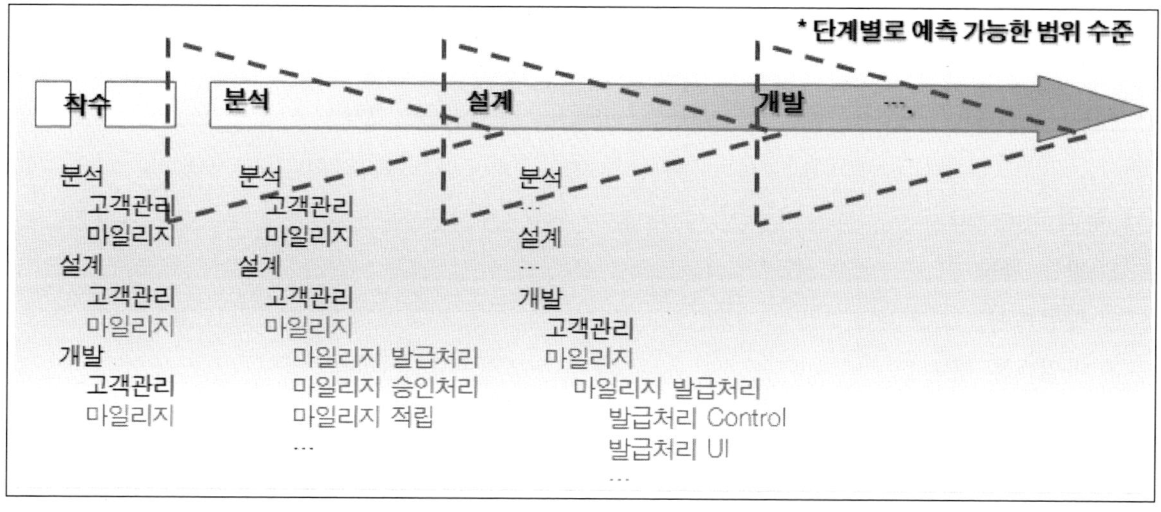

3. 활동순서(Sequence Activities)

프로젝트 활동 간의 선행 및 후행 관계를 파악하여 논리관계로 활동순서를 표현

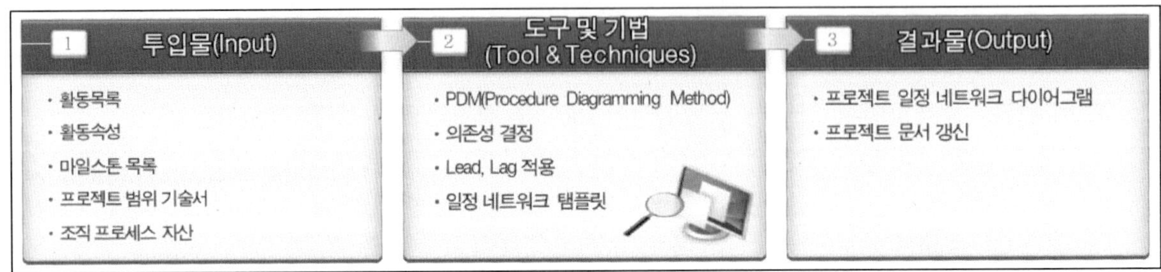

(1) 투입물(Input)

① **활동 목록**

② **활동속성**

③ **마일스톤 목록**

④ **프로젝트 범위기술서:** 제품특성을 기술한 제품범위 설명으로 제품설명서를 검토

⑤ **조직 프로세스 자산:** 활동순서에서 참조할 수 있는 일정 계획방법론

(2) 도구 및 기법(Tool & Techniques)

① PDM(procedure diagramming method)

－주공정법(CPM: Critical Path Methodology)로 선행후행도형법

② **의존성 결정:** 활동순서 간의 의무적, 임의적, 외부적 의존관계를 파악하고 PDM에 표현

- **PDM:** 프로젝트 일정 네트워크도(Project Schedule Network Diagram), AoN(Activity on Node)이라고 부름, 활동을 노드 위에 표시하고 화살표로 활동 간의 의존관계를 표현

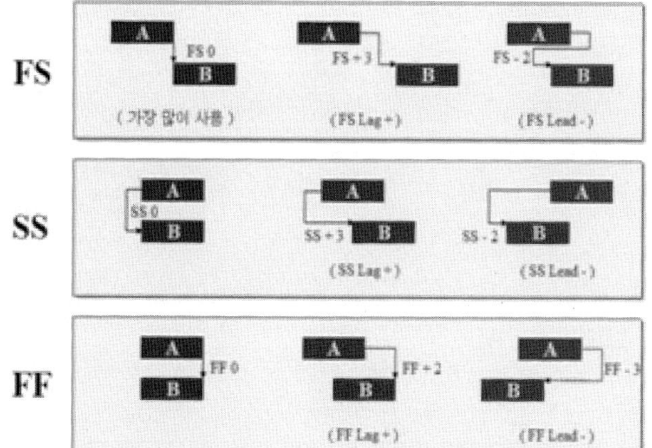

a. 의존, 선행 관계
 -FS: 선행 작업(시기적으로 앞에 있는 작업)이 완료되면, 후속 작업을 시작(가장 많이 사용)
 -SS: 선행 작업이 시작되면, 관련된 작업이 함께 시작되는 방식
 -FF: 선행 작업이 완료되는 시점에 함께 완료되어야 할 작업을 표시하는 방식
 -SF: 선행 작업(시기적으로 뒤에 있는 작업)이 시작하기 전에 사전 정지 성격으로 (부수적으로) 미리 처리돼야 하는 업무
b. 유형
 -의무적 의존성(Mandatory): Hard Logic, 미리 정해진 물리적 제약에 의한 선후관계
 -임의적 의존성(Discretionary): Soft Logic, Preferred Logic, 프로젝트팀에서 임의적으로 정할 수 있는 작업관계, Best Practice에 의한 절차, Fast Tracking이 1차 후보가 됨
 -외부적 의존성(External): 프로젝트 업무범위 외의 활동과의 관계에서 발생, 소프트웨어테스트 단계는 사전에 Hardwar가 미리 준비되어야 함

③ Lead, Lag 적용: 논리적 관계를 정확히 하기 위해서 선도(Lead)와 지연(Lag)을 요구할 수 있는 의존 관계를 판별

- 선도(Lead): 선행 활동 종료 이전에 후행 활동 착수
- 지연(Lag): 선행 활동이 종료되고, 일정 기간이 지나서 후행 활동을 착수

(3) 견과문(Output)

① 프로젝트 일정 네트워크 다이어그램

-프로젝트 일정 및 활동 간의 의존관계를 보여 주는 도표

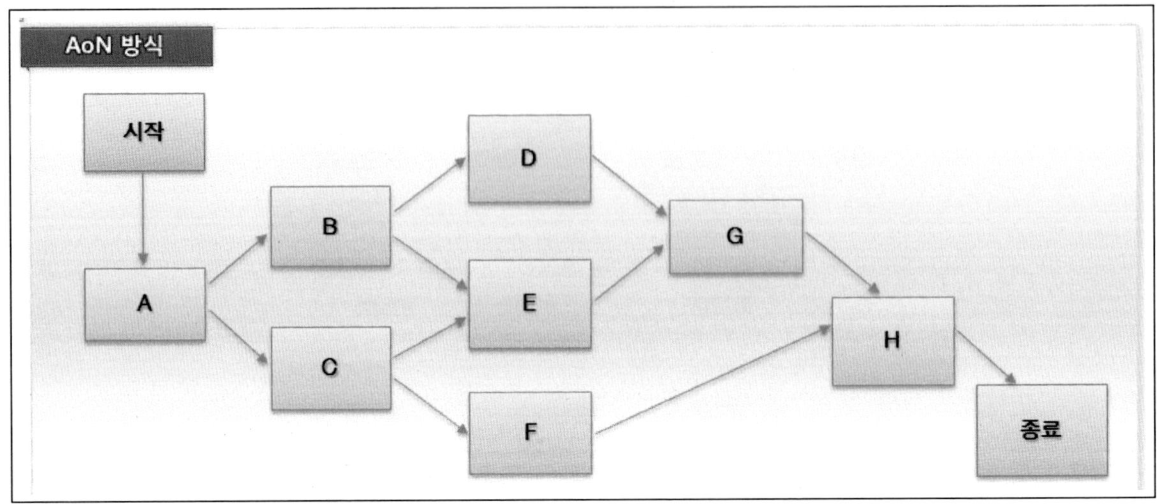

② **프로젝트 문서 갱신:** 활동 목록, 활동속성, 위험 등록부 등의 문서를 갱신

4. 활동 자원추정(Estimate Activity Resource)

일정 활동을 수행하기 위해서 필요한 자원 유형과 수량을 추정하는 프로세스

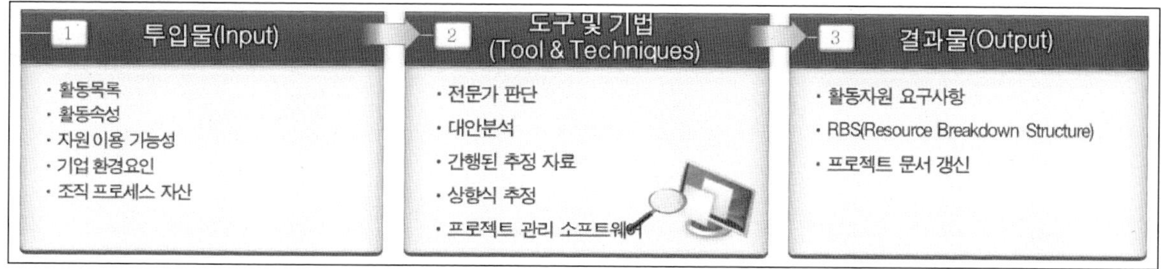

(1) 투입물(Input)

① **활동 목록**

② **활동속성**

③ **자원 이용 가능성:** 가용할 수 있는 잠재적 자원으로 인력, 장비 등에 대한 정보

④ **기업 환경 요인:** 활동 자원 추정에 영향을 주는 자원의 가용성, 기량

⑤ **조직 프로세스 자산:** 직원 배정 정책, 절차, 구매정책, 절차, 선례정보

(2) 도구 및 기법(Tool & Techniques)

① **전문가 판단:** 전문가의 경험과 지식으로 프로세스에 대한 자원 투입을 평가

② **대안분석**

－일정 활동 달성을 위한 대안을 분석하는 것으로 도구사항, 구매결정, 자원제조 등

－1차 제약사항이 예산인지, 일정인지를 고려함

③ **간행된 추정자료:** 인력, 장비에 대한 생산율, 원가 관련 자료

④ **상향식 추정**

－작업을 분할한 다음 자원 요구사항을 산정

－산정결과를 각 일정 활동 자원 총량에 합산

⑤ **프로젝트 관리 소프트웨어:** 자원을 계획하고 관리하는 기능을 제공

(3) 결과물(Output)

① 자원활동 요구사항: Work Package에서 활동에 대해 필요한 자원 종료 및 수량을 파악

② 자원분류체계: 자원의 범주 및 유형별 자원 계층 구조도

③ 프로젝트 문서 갱신: 활동 목록, 활동속성, 자원 이용 가능성 문서 갱신

5. 활동 기간산정(Estimate Activity Durations)

일정 활동을 완료하기 위해서 필요한 작업기간을 산정하는 프로세스

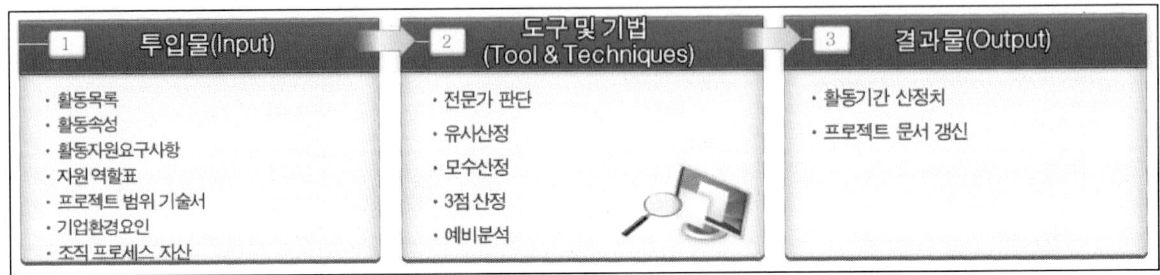

(1) 투입물(Input)

① **활동 목록**

② **활동속성**

③ **활동 자원 요구사항**

④ **자원 역할표:** 인적자원의 유형, 가용성, 역량 등

⑤ **프로젝트 범위기술서:** 활동 기간을 산정할 프로젝트 범위

⑥ **기업 환경 요인:** 활동 자원 추정에 영향을 주는 자원의 가용성, 기량

⑦ **조직 프로세스 자산:** 직원 배정 정책, 절차, 구매정책, 절차, 선례정보

(2) 도구 및 기법(Tool & Techniques)

① **전문가 판단:** 전문가의 경험과 지식으로 프로세스에 대한 기간 산정

② **유사 산정:** 과거 유사한 프로젝트의 기간, 예산, 규모, 가중치, 복잡성을 동일한 지표로 산정함

③ **모수산정:** 통계적 기법을 사용하여 원가, 예산, 기간 등을 활동 모수 산정치를 계산

④ **3점 산정:** 위험이 크고, 불확실성이 높은 경우 활동 기간의 정확성을 높일 수 있음

⑤ **예비분석**

－일정 불확실성을 고려해서 우발사태 대비

－시간 예비 혹은 완충(Buffer)

(3) 결과물(Output)

① 유사추정

- Top down Estimating으로 전문가 판단이라고도 함
- 과거 시행했던 유사한 활동의 실제 소요기간을 활동 기간 산정의 기초 자료로 활용
- 과거 활동이 실질적인 면에서 유사하고 프로젝트팀원이 필요한 전문성을 갖고 있을 때 신뢰도가 가장 높음
- 프로젝트 초기 단계에서 많이 사용되고 선례정보 및 전문가 감정 활용

② 3점 추정: 미 해군 미사일 프로젝트를 위해서 개발되었고, 신규, 경험이 적고, 위험이 높은 분야의 일정 추정에 사용

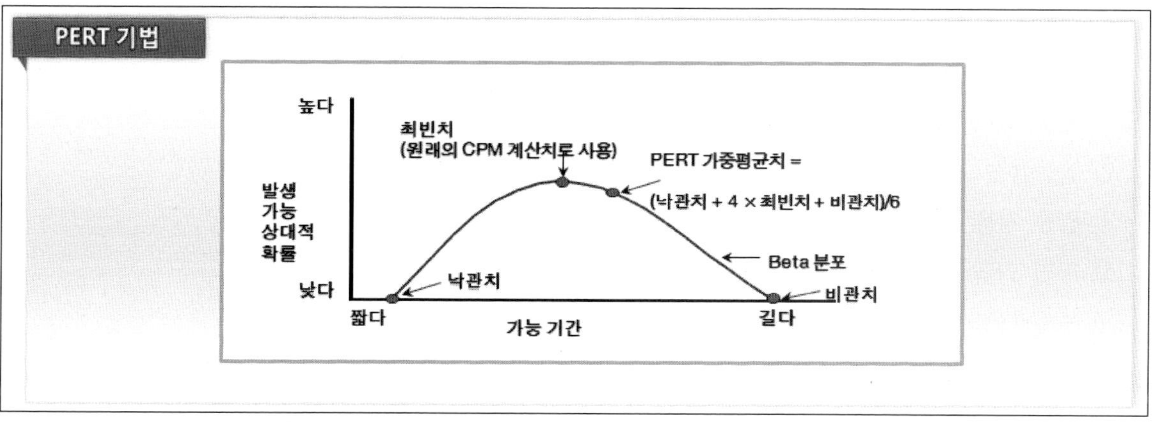

③ 활동 기간 산정치: 활동을 완료하기 위해서 필요한 작업의 기간을 추정한 수치

④ 프로젝트 문서 갱신: 활동속성, 활동 기간 산정치를 개발할 때 정의한 가정

6. 프로젝트 일정개발(Schedule Development)

개별 활동의 시작일과 종료일을 결정하고 전체 프로젝트 개발 기간을 결정하는 프로세스

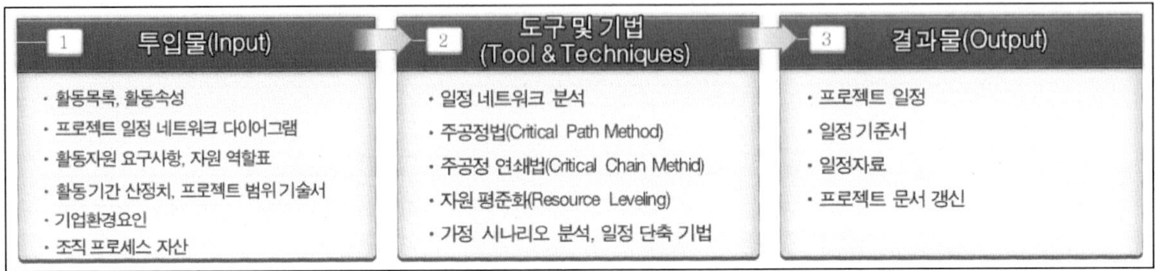

(1) 투입물(Input)

① 활동 목록

② 활동속성

③ 활동 자원 요구사항

④ 자원 역할표

⑤ 프로젝트 범위기술서

⑥ 기업 환경 요인

⑦ 조직 프로세스 자산

⑧ 프로젝트 일정 네트워크 다이어그램

⑨ 활동 기간 산정치

(2) 도구 및 기법(Tool & Techniques)

① **일정 네트워크 분석:** 프로젝트 일정을 생성할 수 있는 기법으로 주공정법, 주공정 연쇄법, 가정 분석, 자원 평준화 기법 등을 사용하여 미완료 부분에 대한 빠른 개시일 및 늦은 개시일을 파악 또한 일정 단축 분석을 수행

② **주공정법(Critical Path Method):** 일정 네트워크 상에서 전진계산(Forward Scheduling) 및 후진계산(Backward Scheduling)을 계산

  a. **전진계산**

    －가장 빠른 날짜(ES: Early Start)에시작하고 가장 빠른 날짜에 종료(EF: Early Finish)

  b. **후진계산**

−종료일로부터 거꾸로 계산하여 납기를 준수하기 위해서 특별히 관심을 가져야 할 활동을 파악

−LS: Late Start, LF: Late Finish

□ PERT 및 CPM 기법

가. 네트워크 다이어그램 작성: 활동 목록, 의존관계, 기간을 도형으로 표시

나. 전진계산을 통하여 ES(Early Start day), EF(Early Finish day)를 산출

다. 후진계산을 통하여 LS(Late Start day), LF(Late Finish day)를 산출

라. 두 값의 차이를 통한 여유시간(Float)을 계산, 즉 Total Float = LS − ES = LF − EF

마. **Critical Path** 경로확인, Total Float이 0인 활동들을 연결

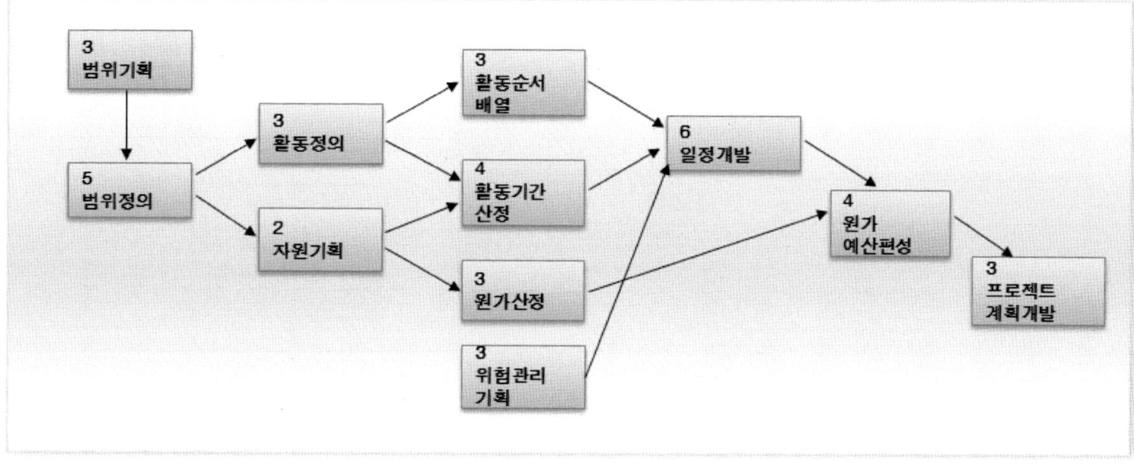

■ Critical Path(주공정)

−**여유시간(Float)**이 0

−즉, 가장 빨리 다음 활동에 착수할 수 있는 시간 곧 다음 활동의 착수를 최대한 연기할 수 있는 시간과 같은 활동들을 연결한 경로

−CP상의 활동이 지연되면 일정지연 발생

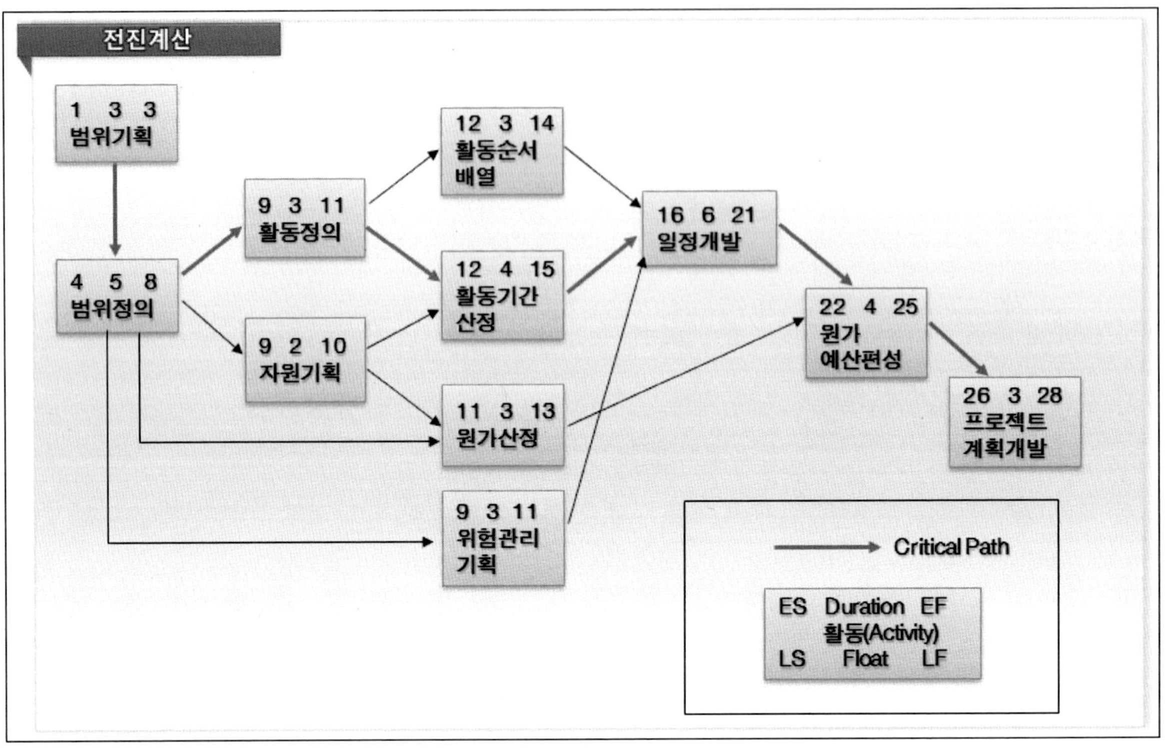

전진계산
1 3 3
범위기획
4 5 8
범위정의
9 3 11
활동정의
9 2 10
자원기획
12 3 14
활동순서
배열
12 4 15
활동기간
산정
11 3 13
원가산정
9 3 11
위험관리
기획
16 6 21
일정개발
22 4 25
원가
예산편성
26 3 28
프로젝트
계획개발
Critical Path
ES Duration EF
활동(Activity)
LS Float LF

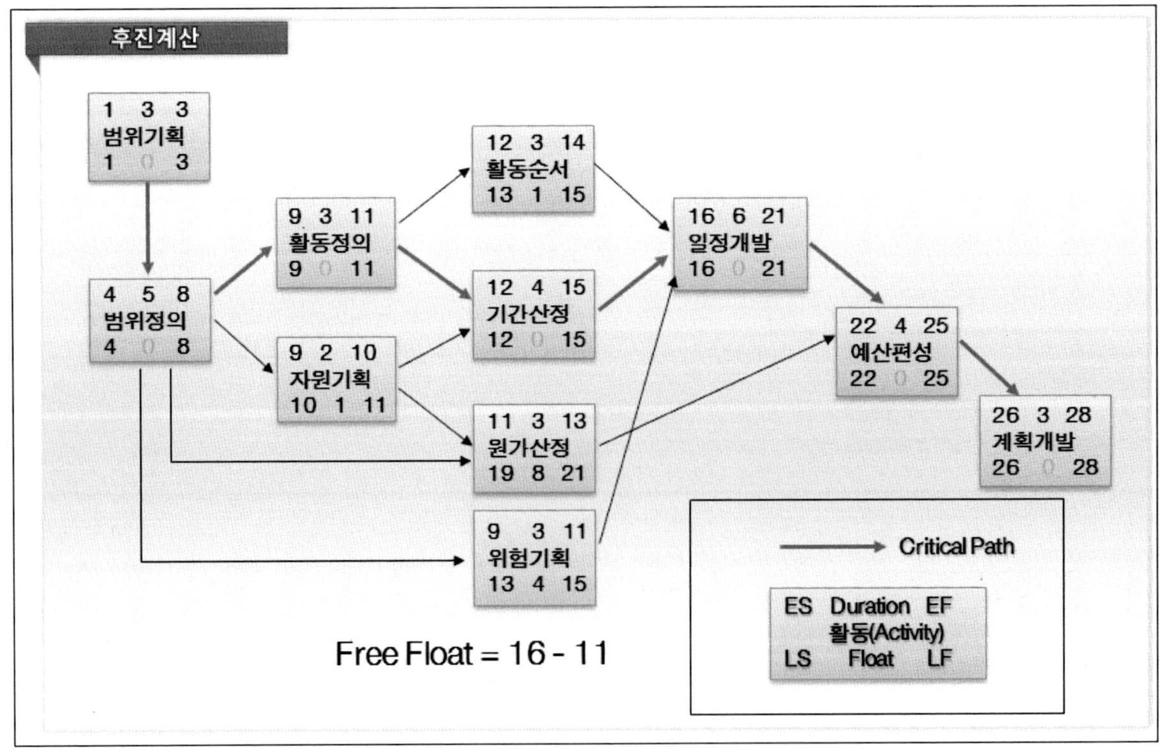

후진계산
1 3 3
범위기획
1 0 3
4 5 8
범위정의
4 0 8
9 3 11
활동정의
9 0 11
9 2 10
자원기획
10 1 11
12 3 14
활동순서
13 1 15
12 4 15
기간산정
12 0 15
11 3 13
원가산정
19 8 21
9 3 11
위험기획
13 4 15
16 6 21
일정개발
16 0 21
22 4 25
예산편성
22 0 25
26 3 28
계획개발
26 0 28
Free Float = 16 - 11
Critical Path
ES Duration EF
활동(Activity)
LS Float LF

c. **여유시간(Float)**

―프로젝트 일정에 영향을 주지 않고 활동이 가지는 여유시간

가.Total Float(Float)

―해당 작업 자체의 지연이 프로젝트 종료일 지연에 영향을 주지 않는 시간 사용 시 후행작업에 통보해야 함

―LS-ES 혹은 LF-EF로 산정

나. Free Float

―후행 활동의 시작을 지연시키지 않고 선행 활동이 가질 수 있는 여유시간 사용 시 후행작업에 통지하지 않아도 됨

―EF-ES로 산정

다. Project Float

―프로젝트 전체가 프로젝트 종료일을 지연시키지 않고 지연될 수 있는 여유 Free Float이 Total Free보다 유연성이 큼

d. **선행(Lead)**

―작업 종료 이전에 후행작업이 시작되어 두 작업이 Overlapping된 시간
―Positive Waiting Time

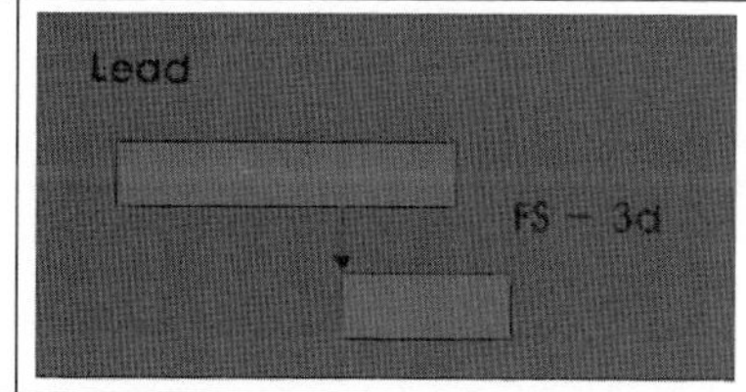

e. **지연(Lag)**

―작업종료 후 후행작업 시작을 위해서 기다려야 하는 시간
―Negative Waiting Time

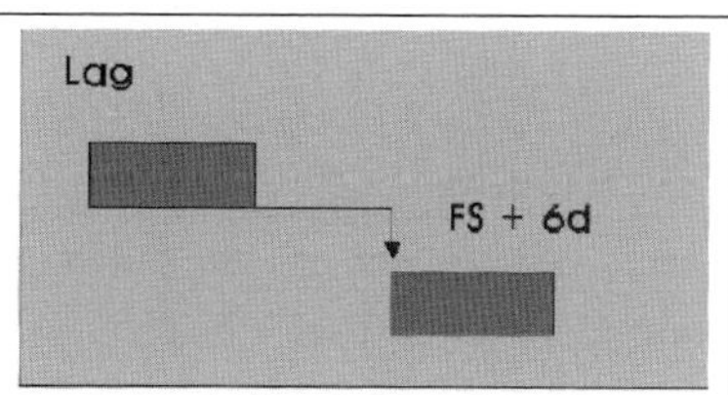

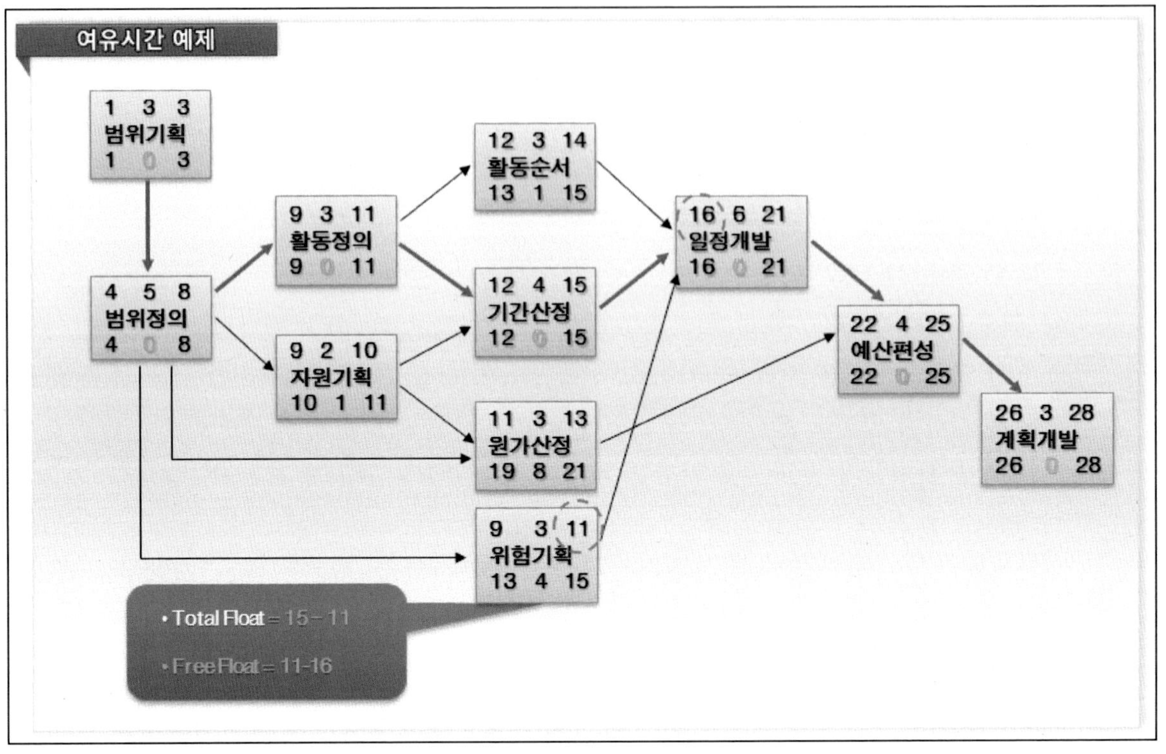

f. 주요 특징

- Critical Path는 자원 가용성을 최종 확정하지 않은 상태에서 연관관계와 수행 기간만으로 결정함
- 자원의 제약을 고려하면 전체 일정이 변경될 수 있음
- 자원이 제약된 주 공정의 경로를 주 공정 연쇄라고 함

g. 여유시간 낭비 이유

- **학생 증후군:** 시간적으로 여유가 있어서 미리 작업할 수 있음에도 마감일이 닥쳐야 작업을 시작하는 현상
- **멀티 태스킹:** 한 사람이 한 프로젝트의 여러 단계를 담당하거나, 동시에 진행되고 있는 여러 프로젝트에 참여하는 경우
- **파킨슨 법칙:** 작업 일정은 지연만이 전파되고 조기 종료는 전파되지 않음. 즉, 사전 작업이 조기에 종료되어도 정해진 일정에 착수되거나 지연 시 지연일정에 착수함

h. 프로젝트 버퍼 삽입

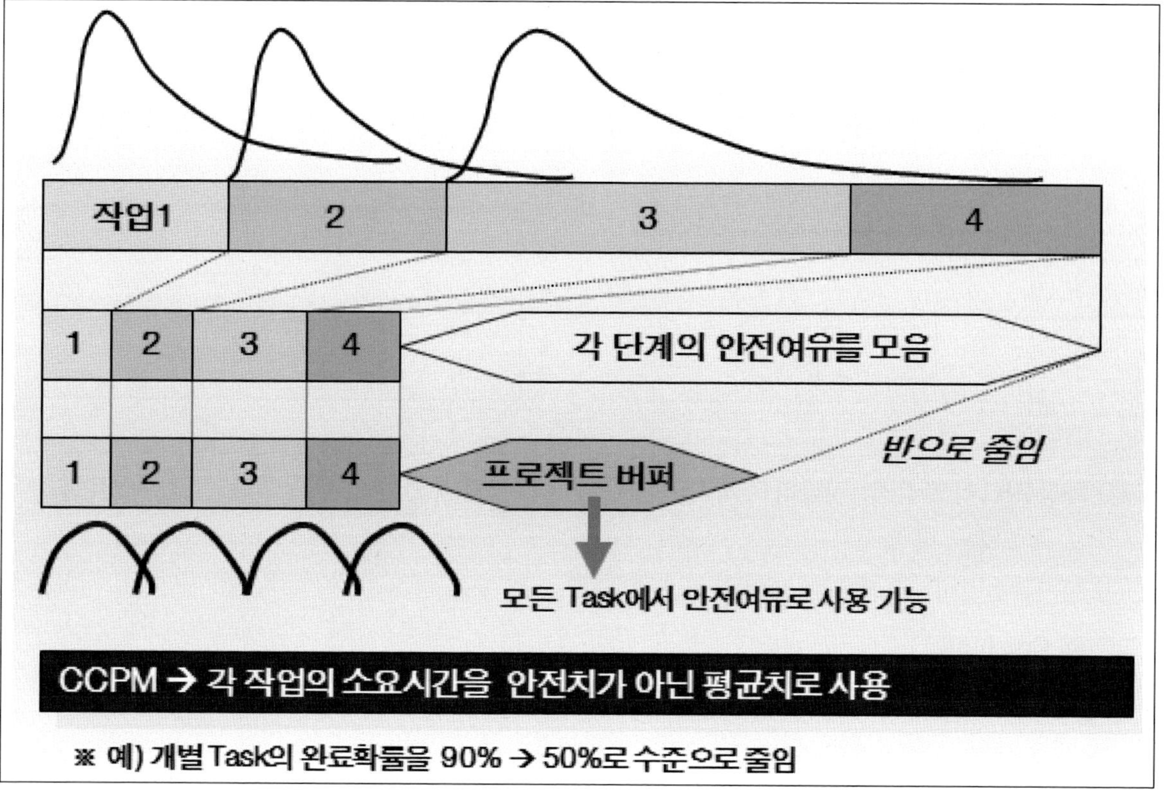

가. Project Buffer

－Critical Chain의 끝에 버퍼를 두고 관리

나. Feeder Buffer

－Non-Critical Chain의 끝에 버퍼를 두고 관리(Critical Chain 지연 방지)

다. Resource Buffer

－활동이 Critical Resource(희소자원)를 필요할 때 버퍼를 설정하여 관리

③ 자원 평준화

－Resource Leveling, 과부하된 자원을 대상으로 투입자원 한계 내에서 분산 분포하도록 하는 작업

－프로젝트 버퍼 삽입

a. 일정 추정은 어떤 자원을 전제로 하느냐에 따라 달라짐

b. 투입인력의 스킬 수준과 활용 가능한 기간, 인원수 등의 자원 제약적 상황을 조정

c. 특정 기간에 과부하 된 자원 제약사항을 해결하는 것임

d. 과부하를 줄이기 위해서 해당 기간 활동을 다른 기간으로 조정 이때 활동은 Non-Critical 활동을 대상으로 함

e. 어떤 활동을 얼마만큼 기간으로 옮기느냐 하는 시행착오에 의한 방법(Heuristic)

f. 종종 Resource Leveling 기간 연장을 초래

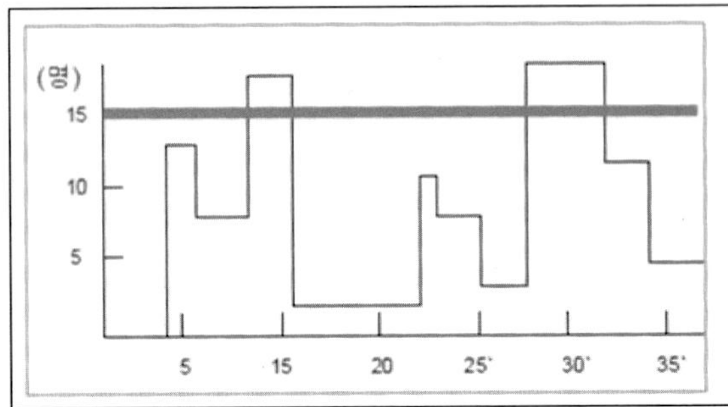
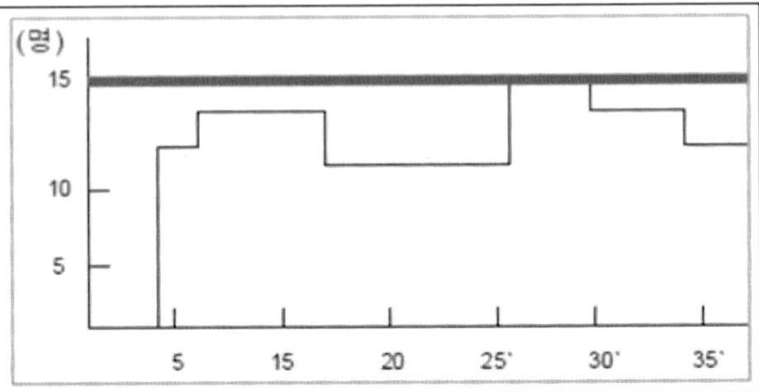

④ **가정 시나리오 분석:** 시나리오 A로 인한 상황이 발생한다고 가정(What If)하고 질문에 대한 분석을 수행하는 방법

⑤ **일정단축기법:** 범위를 변경하지 않고 프로젝트 일정을 단축

  a. **Crashing**

    가. 방법: 자원을 추가 투입하여 일정을 단축

    나. 대상: Critical Path 상의 활동 중, 최소비용으로 최대의 단축을 얻을 수 있는 활동

    다. 상황: 예산에 여유가 있거나, 여유 자원이 있을 경우

    라. 고려사항: 직접비용 증가, 원가와 일정 Trade Off

  b. **Fast Tracking**

    가. 방법: 순차적으로 수행하는 활동을 병행하여 수행하는 방법

    나. 대상: 의존관계 중 임의적 의존관계를 병행적으로 가능하다고 판단되는 활동

    다. 상황: 예산을 더 이상 투입할 수 없을 때 활용

    라. 고려사항: 동시작업 수행으로 위험 증가, 재작업 가능성

⑥ **일정 계획 도구:** 활동의 투입물, 네트워크 다이어그램 및 자원, 활동 기간을 기준으로 개시일과 종료일을 추정하여 일정 계획 프로세스를 처리

(3) 결과물(Output)

① 프로젝트 일정: 마일스톤, 간트차트, 프로젝트 네트워크 다이어그램을 사용

a. 마일스톤: 주요 프로젝트 개시 혹은 종료일정과 외부 인터페이스를 보여줌

b. 간트차트

  − 활동의 시작일과 종료일, 예산 기간을 보여주는 차트

  − 비교적 이해가 쉬움

c. 프로젝트 네트워크 다이어그램: 프로젝트 네트워크 논리, 주공정 경로, 일정 활동을 동시에
  보여줌

② 일정 기준선: 일정 기준선은 프로젝트 관리 계획서에 포함되어 프로젝트 관련 팀이 승인함

③ 일정자료: 마일스톤, 일정 활동, 활동속성, 식별된 가정 및 제약사항을 기술한 문서

④ 프로젝트 문서 갱신: 활동 자원 요구사항, 활동속성, 위험 등록부 등 갱신

7. 일정통제(Control Schedule)

일정변경 요인을 확인하고 변경 발생 시에 모니터링하며, 발생된 변경을 관리하는 프로세스

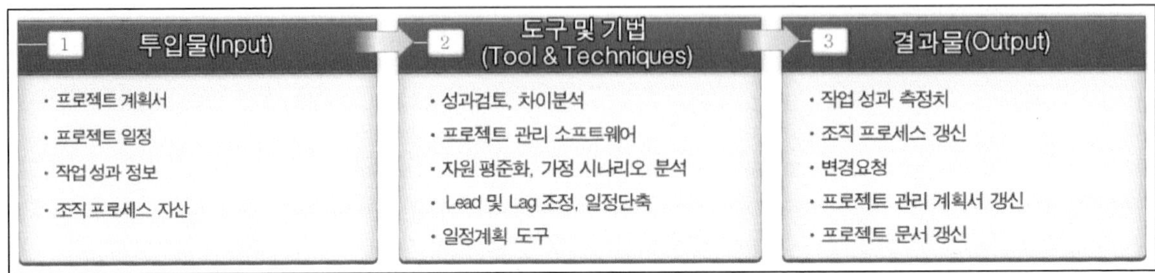

(1) 투입물(input)

① **프로젝트 계획서:** 일정관리 계획서와 일정 기준선

② **프로젝트 일정:** 기준일을 기준으로 완료한 활동, 진행 중인 활동, 개시한 활동을 표현

③ **작업성과보고:** 프로젝트 진행상황 정보

- 과정보고 및 현재 일정 상태는 실제 시작일과 종료일, 미 완료된 일정 작업의 남은 기간과 같은 정보 포함

- 만약 획득가치와 같은 과정 측정이 사용된다면, 진행 중인 일정 활동에 대한 완료 % 포함

- 프로젝트 과정에 대한 정기적인 보고를 원활히 하기 위해서 다양한 프로젝트 조직의 상시 사용을 위해 만들어진 탬플릿 사용

④ **조직 프로세스 자산:** 일정관리 정책과 절차, 일정 통제도구, 감시 및 보고방법

(2) 도구 및 기법(Tool & Techniques)

① **성과검토(측정):** 개시일, 종료일, 완료율, 진행 중인 작업 잔여기간에 대한 성과를 분석

- 성과 측정기법은 일정 편차(SV: Schedule Variance) 및 일정성과지표(SPI: Schedule Performance Index) 생성

- SPI는 발생한 프로젝트 일정 편차의 크고 작음을 평가

- 일정 통제의 중요한 부분은 일정 편차가 시정조치 활동을 필요로 하는 것인가에 대한 결정

- **작업 진척율 평가방법**

   a. 50/50 Rule

    - 활동 시작 시 성과를 50% 인정, 활동 완료 시 나머지 50% 성과 인정

b. 0/100 Rule

　－활동 종료 전까지는 성과를 0% 인정, 활동 완료 시 100% 인정(Product Complete Rule)

c. Progress Complete Rule

　－측정 시점까지의 완료율로 진척율을 평가

d. Percent Complete Rule

　－활동결과 또는 산출물 등을 근거로 계량화된 진척율을 산출

② **차이분석:** 계획대비 일정 차이 분석(SV, SPI)

③ **프로젝트 관리 소프트웨어**

④ **자원 평준화**

⑤ **가정 시나리오 분석**

⑥ Lead, Lag

⑦ **일정단축**

⑧ **일정 계획 도구**

(3) 결과물(Output)

① **작업 성과 측정치:** 이해당사자에게 계획대비 일정 차이(SV)와 일정성과지수(SPI)를 보고

② **조직 프로세스 자산 갱신:** 차이원인, 시정조치, 채택사유, 습득한 기타 교훈

③ **변경요청:** 진행 보고서, 성과 측정치, 일정에 대한 수정 사항 검토, 일정 차이 분석으로 프로젝트 계획서가 변경될 수 있음

④ **프로젝트 관리 계획서 갱신:** 일정 기준선, 일정 관리 계획서, 원가 기준선 등 갱신

⑤ **프로젝트 문서 갱신:** 일정자료, 프로젝트 일정 등 변경

활동 기간 산정의 주요한 방법인 PERT와 CPM은 그 배경을 이용하여 이해하면 쉽다. 즉 미 해군에서 미사일 개발 프로젝트에 적용하기 위하여 탄생한 PERT는 당연히 경험이 적고 위험이 높은 상황을 토대로 만들어진 방법이다. 그러므로 3점 추정이라는 보다 정밀한 방법을 사용한다. 이에 반해 화학공장을 건설하기 위한 프로젝트에 적용하기 위하여 만들어진 CPM은 상대적으로 경험도 많고 유사한 분야에 적용하므로 1점 추정이라는 방법을 가지고 있다.

기간을 추정할 때 각각의 Activity에 버퍼를 두고 산정하면 결국 버퍼가 낭비되어 버린다는 개념에서 만들어진 것이 주공정 연쇄법이다. 즉 각각의 Activity는 일정을 지킬 확률을 낮추고 산정할 버퍼를 모아서 관리하면 더욱 효율적이며, 그 과정에서 자원의 제약조건을 또한 고려한다는 이론이다.

각 Activity 별로 버퍼를 관리하게 되면 비효율적인 이유는 학생증후군, 멀티태스킹, 파키스 효과 같은 법칙들이 있다. 각각의 의미에 대하여 생각해 보기 바란다.

프로젝트 일정 관리는 프로젝트가 적시에 완료되는 것을 보장하기 위해 필요한 프로세스들을 포함한다. 이러한 프로세스들은 서로 상호작용(interact)을 하고 있으며, 또한 다른 지식영역의 프로세스들과도 연관되어 있다. 각각의 프로세스는 프로젝트의 요구에 근거하여 하나 또는 그 이상의 노력에 연관되어 있다. 비록 여기에는 프로세스 등이 잘 정의된 분리된 요소로 표현되어 있지만 실제 이들은 동시에 이루어지거나 강하게 연관되어 있다. 특히 IT프로젝트나 소규모인 몇몇의 프로젝트에서는 활동순서, 활동 기간 산정 및 스케줄 개발이 너무 밀접하게 연결되어있어 하나의 단일 프로세스로 보인다. 이는 PMBOK 가 IT뿐 아니라 다른 공학 영역들을 포괄하는 개념을 담고 있으므로 엄격한 프로세스에 의한 절차를 기술해 놓았기 때문이다. 시험을 위해서는 이러한 개념들을 반드시 숙지해 놓아야 한다.

본 장에 나오는 활동의 기간 산정부터 일정 개발 과정을 충분히 연습해 두어야 한다. 일정 개발 과정과 그 결과로서의 소요일정, Critical Path 등을 구할 수 있다면 과정상에서 출제되는 문제에 대응할 수 있을 것이다.

또한 수립된 일정을 여러 가지 원인으로 단축시킬 필요가 있을 때 활용하는 일정단축 기법에 대하여 학습해 두어야 한다. 즉 추가 비용을 이용하여 일정을 단축하는 Crashing과 순차적으로 수행하기로 한 Activity를 동시에 수행하여 일정을 단축시키는 Fast Tracking을 말하며 각각의 방법이 활용되는 상황적 조건 및 고려사항을 학습해야 한다. 특히 투입인력의 의사소통에 대하여 언급한 Brook's 법칙과 Crashing 방법은 연관지어 생각해야 하며, 그 해결책에 관하여 고민해 보아야 한다.

 용어사전

① **일정관리(Time Management)**
- 프로젝트가 납기 내에 완료할 수 있도록 보증하는 것으로 언제(When)와 어떻게(How)를 정의하기 위한 것
② **마일스톤(Milestone)**
- 프로젝트 일정상 발생하는 주요한 이벤트를 중심으로 프로젝트 중 주요 달성, 완료 표시
- 고객이나 상위관리자가 보고받아야 하는 주요 사안 표시
- 주요한 중간산출물의 달성일로서 프로젝트 일정에 영향을 끼치는 외부요인의 완료일
- 할당된 기간이 없으며(Duration = 0) 액티비티가 아닌 이벤트(Event)
③ **간트차트(Gantt Chart)**
- Bar Chart라고도 하며 진척도 보고나 통제용으로 주로 쓰이며 프로젝트의 시작과 종료, 기간을 한눈에 보는 데는 매우 유용
  하지만 액티비티 간의 연관관계는 보여주지 않음
④ **주요공정법, CPM(Critical Path Method)**
- 프로젝트 관리 계획 및 통제 기법으로서 1956년부터 1958년까지 미국 듀퐁사의 건설 계획 추진에 적용
- 내장된 여유시간을 가지고 있지 않은 일련의 업무와 작업으로 프로젝트 납기일에 영향을 끼치는 일련의 액티비티의 집합,
  여유시간(Float)이 없음
⑤ **공수산정(Effort Estimation)**
- 프로젝트 또는 액티비티를 완료하기 위해 필요한 인적자원의 총 투입시간을 외부적 요소(개인적 성격, 3점 추정, 외부로부터의
  압력)를 고려하여 산정
- 산정 Tool: PERT
- 공수의 단위: man*hour, man*month

:: 핵심 문제 풀이

<table>
<tr><td rowspan="5">문제 1〉</td><td colspan="2">아래의 내용은 자원 평준화에 대한 설명이다. 자원 평준화의 효과와 시점에 대한 설명으로 가장 올바른 것은 무엇인가?</td></tr>
<tr><td colspan="2">① 자원 평준화는 주공정(Critical Path)을 계산하기 전후로 수행한다.
② 자원 평준화의 대상은 Float이 1 이상인 작업을 대상으로 한다.
③ Critical Path와 non Critical Path에 있는 활동에 대해서 자원 평준화를 수행하는 것이 효과적이다.
④ 자원 평준화를 수행하면 프로젝트 일정이 단축되는 효과가 나타날 수도 있다.</td></tr>
</table>

정 답　④

문제풀이

– 자원 평준화(Resource Leveling)는 과도하게 집중된 자원을 재배치하는 작업으로 프로젝트 일정 계획 수립 시에 자원의 효율성을 극대화하려는 방법이다.

아래의 내용 중에서 프로젝트 일정 계획 시에 활동들의 시작과 종료일이 결정되는 것은 무엇인지 선택하시오.

문제 2〉　① 활동 기간 산정
　　　　　② WBS 작성
　　　　　③ 활동순서 배열
　　　　　④ 일정 개발

정 답　④

문제풀이

– 활동 정의는 WBS 입력으로 활동 목록을 정의하고 활동 목록 정의 후 활동 간의 의존 관계를 파악한다. 그리고 활동 자원 추정과 활동 기간 추정을 수행 후 최종적으로 프로젝트 일정을 개발하는 것이다. 일정개발은 각 활동의 시작일과 종료일을 결정하고 프로젝트 관리자의 주요 관심 대상인 Critical Path를 식별한다.

전체적인 일정을 개발 후 일정지연이 예측되거나, 비효율이 발생하면 Crashing, Fast Tracking, Resource Leveling 같은 작업을 수행할 수가 있다.

문제 3〉

아래의 예에서 프로세스 예상 평균기간을 PERT기법으로 산정하시오.

활동	선행활동	optimistic	Most likely	Pessimistic
A		2	4	5
B	A	4	5	9
C	A	3	6	12
D	B	2	5	11
E	C	5	6	10
F	D, E	2	3	4

① 18.5일　② 19.8일　③ 20.5일　④ 21.5일

정답　①

문제풀이

– 위의 문제는 활동 기간을 추정하는 PERT식으로 계산하면 된다. 즉, 활동 A의 경우 (2 + 4 * 4 + 5)/6으로 PERT의 결과를 알 수 있다. 이렇게 모든 활동을 계산하면 된다.

PERT는 불확실성이 높고 위험이 높은 프로젝트에서 활동 기간을 추정하는 방법으로 경험이 없는 프로젝트에서 사용하는 방법이다. 반대로 경험이 많은 프로젝트는 1점으로 추정하는 CPM기법을 사용한다.

문제 4〉

아래의 내용 중에서 프로젝트 문서를 업데이트하지 않는 것은 무엇인지 선택하시오.

① 활동 정의
② 활동 자원 산정
③ 활동순서 배열
④ 활동 기간 산정

정답　①

문제풀이

– 활동 정의 프로세스는 활동 목록, 활동 속성, 마일스톤 목록을 결과물로 만들어 낸다. 프로젝트 문서 업데이트는 수행하지 않는다.

아래의 내용 중에서 일반적으로 가장 적은 빈도로 사용하는 의존관계는 무엇인지 선택하시오.

문제 5〉　① FF(Finish-to-Finish)
　　　　　② SS(Start-to-Start)
　　　　　③ FS(Finish-to-Start)
　　　　　④ SF(Start-to-Finish)

정 답　④

문제풀이

– 가장 적은 빈도의 의존관계는 SF(Start to Finish)이다.

아래의 내용은 활동 추정기법에서 주공정법에 대한 설명이다. 그 내용이 틀린 것을 선택하시오.

문제 6〉　① 활동 기간 추정 시에 일점 추정기법을 사용하고 경험이 있는 프로젝트에서 사용된다.
　　　　　② 활동에 대한 Float 계산 후 Float의 값이 0보다 작거나, 0인 활동이 주공정 활동이다.
　　　　　③ Float의 값이 음수라는 것은 여유가 없다는 것이다.
　　　　　④ 주공정의 활동을 단축시키면 프로젝트 그만큼 프로젝트의 일정도 단축된다.

정 답　④

문제풀이

– 주공정으로 일정을 단축시키면, 1차적으로 확인해야 할 것은 Critical Path에 대한 변경이다. 그것은 일정을 단축할 때 일정단축
　대상이 Critical Path이므로 Critical Path의 변경 여부를 확인해야 하고 변경된 Critical Path의 활동을 다시 확인해서 일정을 확
　인해야 한다. 일정단축기법을 사용하면 일정은 단축되지만, 활동이 단축된 만큼 단축되지는 않을 수 있다. 또한 프로젝트 일정
　에는 N개의 Critical Path를 가지는 것도 가능하다.

금융권 프로젝트 수행 시에 90%의 작업을 완료했다. 그러나 10%의 공정으로 인하여 일정지연이 예상되고 있다. 이러한 문제를 해결하기 위해서 본사차원에서 10명의 추가인력을 투입하려고 한다. 이러한 경우 브룩스의 법칙을 근거한다면, 프로젝트 일정은 어떻게 될 것인가?

문제 7〉

① 프로젝트 기간이 연장될 가능성이 높다.
② 프로젝트 기간이 줄어들 가능성이 높다.
③ 프로젝트 기간 변동이 없을 가능성이 높다.
④ 예측이 어렵다.

정 답   ①

– 브룩스의 법칙은 지연이 발생한 프로젝트에 인력을 더 투입하면 더 지연이 발생한다는 원칙이다. 그것은 인력투입으로 의사소통 채널의 증가와 프로젝트 표준 및 개발 진행 등에 대한 교육으로 인하여 오히려 더 일정이 지연된다는 것이다.

아래의 내용 중에서 Float이 가장 큰 활동은 무엇인지 선택하시오.

문제 8〉

활동	기간	ES	LS
A	4	0	4
B	5	4	8
C	2	3	10
D	2	8	8

① A   ② B   ③ C   ④ D

정 답   ③

– Float은 각 활동들이 가질 수 있는 여유기간이다. 계산은 Float LS – ES로 계산한다. C활동의 경우 Float이 10-3이므로 7이 된다.

애플리케이션 간의 시스템 통합을 하기 위해서 먼저 데이터 표준을 하고 EAI를 설치해서 애플리케이션 연계해야 한다. 이러한 경우 데이터 표준과 EAI는 어떤 관계를 가지고 있는 것인가?

문제 9〉

① 의무적 의존관계
② 외부적 의존관계
③ 임의적 의존관계
④ 내부적 의존관계

정 답　①

문제풀이

– 활동 간의 의존관계는 의무적, 임의적, 외부적 의존관계를 가진다. 위의 시나리오는 데이터 표준을 수행 후 EAI를 연계해야 하므로 Hard Logic인 의무적 의존관계이다.

아래의 프로젝트 일정관리 기법 중에서 일정에 버퍼를 삽입하여 프로젝트의 일정지연 등에 대비하는 일정관리 방법은 무엇인지 선택하시오.

문제 10〉

① EV
② PERT기법
③ CPM
④ Critical Chain

정 답　④

문제풀이

– Critical Chain은 일정개발 시에 실제 가용할 수 있는 자원 가용성을 고려하여 일정을 관리해야 한다는 것이다. 이것은 중간에 Buffer를 삽입할 수는 있지만 이러한 Buffer가 오히려 빠르게 끝날 수 있는 작업을 늦게 종료하는 결과를 가져올 수 있다(학생증후군: 3일 내에 작업을 완료할 수 있지만 종료일을 기준으로 일을 완료하는 현상).

	프로젝트 관리자는 프로젝트 납기 준수를 위해서 일정단축을 결정했다. 프로젝트 일정관리에서 프로젝트 관리자가 사용할 수 있는 일정단축방법으로 틀린 것을 선택하시오.
문제 11〉	① 활동 간의 종속관계를 최대한 제거한다. ② 활동 전체 여유시간을 최대한 단축시킨다. ③ 고객과 협의해서 추가적으로 자원을 투입한다. ④ Critical Path에 있는 Activity에 인력을 재배치하여 Critical Path 상의 활동 기간을 단축한다.
정 답	②

– 프로젝트 일정개발 프로세스에서 일정 단축기법은 활동 간의 병렬처리를 수행하는 Fast Tracking과 추가 자원을 투입하는 Crashing, 과부하된 활동에 자원을 재배치하는 Resource Leveling이 있다.

	아래의 내용은 프로젝트 일정관리 도구인 PDM과 ADM에 대한 설명이다. 그 내용이 올바른 것은 무엇인가?
문제 12〉	① 일반적으로 ADM이 많이 사용된다. ② PDM은 SS, SF만 표현할 수 있지만 ADM은 SS, SF, FS, FF 4가지 관계 모두를 표현할 수 있다. ③ 화살표 위에 활동을 표현하는 방법은 ADM이다. ④ Dummy 활동을 사용해서 활동 간의 관계를 표현할 수 있는 것이 PDM이다.
정 답	③

– 화살표 위에 활동을 표현하는 것은 ADM(AoA)이고 노드 안에 활동을 표현한 것은 DM(AoN)이다.

아래의 용어 중에서 프로젝트 완료일에 영향을 주지 않으면서 활동의 여유기간이 무엇인지 선택하시오.

문제 13〉　① Lead
　　　　　② Total slack
　　　　　③ Free slack
　　　　　④ Lag

정 답　②

문제풀이

– Total Slack은 프로젝트 일정에 영향을 주지 않으면서 활동이 가지는 여유기간이다.

프로젝트 일정 네트워크인 PDM방법에서 일반적으로 가장 많이 사용되는 의존관계를 선택하시오.

문제 14〉　① SF(Start-to-Finish)
　　　　　② SS(Start-to- Start)
　　　　　③ FS(Finish-to-Start)
　　　　　④ FF(Finish-to- Finish)

정 답　③

문제풀이

– 일반적으로 가장 많이 사용되는 의존관계는 FS(Finish-to-Start)이다.

활동 A에 자원배정 결과를 확인하니, 최대 가용량 초과한 것을 발견했다. 프로젝트 관리자로서 어떤 조치를 해야 하는가?

문제 15〉　① PERT
　　　　　② Simulation
　　　　　③ Critical Path Method
　　　　　④ Resource Leveling

정 답　①

– 과부하된 활동을 재배치하는 것은 Resource Leveling이다. Resource Leveling을 통해서 일정 단축의 효과도 얻을 수가 있다.

프로젝트에 개발 모듈은 로그인과 로그아웃 모듈이 존재한다. 먼저 로그인 모듈을 개발하고 일정 시간 대기 후 로그아웃 모듈을 개발하는 관계가 무엇인지 선택하시오.

문제 16〉　① Lead
　　　　　② Lag
　　　　　③ Free slack
　　　　　④ Total slack

정 답　②

– Lag는 일정 기간 대기 후 다음 활동이 시작할 수 있는 관계이다. 그래서 로그인 개발 후 대기 후 로그아웃을 개발하면 Lag 이다.

경영층에 프로젝트 중간보고를 실시했다. 이렇게 중요한 일정에 대해서 경영층에 공식적으로 보고하는 것을 마일스톤이라고 한다. 아래의 내용 중에서 그 마일스톤의 의미로 가장 적당한 것은 무엇인가?

문제 17〉

① 프로젝트의 위험을 식별하고 대응계획 및 그 결과를 보고 후 지시를 받음
② 프로젝트 일정을 보고하며, 버퍼의 존재 여부를 확인시킴
③ 몇 개의 작업 패키지를 묶어 놓은 요약 활동
④ 중요한 작업에 대해서 고객에게 의견을 묻고 그것을 반영함

정 답　　③

문제풀이

– 마일스톤은 경영층에게 보고하는 것으로 중요한 것을 요약해서 핵심사항이나 의사결정 사항 등을 보고할 수 있다.

PND를 작성하고 프로젝트 Float을 확인하니 그 값이 -10이다. 그 의미는 무엇인가?

문제 18〉

① 프로젝트 10일 단축
② 10일 전에 작업을 완료
③ Critical Chain기법으로 공정을 계산
④ 일정 단축기법 적용

정 답　　④

문제풀이

– Float이 -10이라는 것은 일정지연이 있다는 의미이고 이것은 일정단축 기법을 사용해서 일정을 단축시켜야 한다.

아래의 내용은 프로젝트 범위 관리에서 가장 중요한 WBS에 대한 설명이다. 그 내용이 틀린 것은 무엇인가?

문제 19〉
① 일정 및 자원이 추정 가능한 수준을 작업 패키지라고 한다.
② 작업 패키지는 WBS의 가장 작은 항목이다.
③ WBS는 공정을 통제하는 가장 중요한 요소이다.
④ 작업 패키지는 계획 패키지보다 상위 수준이다.

정 답   ④

– 계획 패키지가 작업 패키지 보다 상위 수준이다. 둘 다 프로젝트의 범위를 나타내며 프로젝트 초기에 요구사항이 명확하지 않을 때 계획 패키지를 구성하고 프로젝트가 진행되면서 요구사항이 구체화되고 확정되면서 WBS개발과 작업 패키지가 만들어진다.

아래의 내용 중에서 프로젝트에서 주공정을 파악하기 위해서 일반적으로 많이 사용되는 것은 무엇인지 선택하시오.

문제 20〉
① WBS
② 프로젝트 일정 네트워크
③ 간트 차트
④ GERT 차트

정 답   ②

– 프로젝트의 주공정(Critical Path)을 파악하기 위해서 많이 사용하는 것은 프로젝트 일정네트워크이다.

프로젝트에서 인력과 인력의 투입기간을 파악하기 위해서 아래의 내용 중에서 무엇을 해야 하는가?

문제 21〉
① 범위기준선, WBS작성, Work package 파악
② 직무정의, 가용성 파악, 조달관리
③ 활동정의, 활동추정, 활성 순서
④ 인적자원 계획, 인적자원 할당, 인적자원통제

정 답　③

– 프로젝트 인력과 투입기간을 파악하기 위해서는 활동정의, 활동 기간 추정, 활동 자원 추정, 활동순서 프로세스를 수행해야 한다.

계약완료 후 프로젝트 일정관리를 위해서 활동 기간 산정 시에 프로젝트 납기일을 파악할 수 있는 문서는 무엇인가?

문제 22〉
① 조달 계획서
② 프로젝트 범위기술서
③ EVM
④ WBS

정 답　②

– 활동 기간 산정 시에 투입물은 프로젝트 범위기술서다. 범위기술서는 프로젝트의 범위를 포함하고 프로젝트 납기일을 파악할 수가 있다.

부산에 있는 서버를 화물차 편으로 서울로 이동해야 하지만, 프로젝트 납기 준수를 위해서 급하게 추가 비용을 지불하면서 비행기 편으로 서울로 이동했다. 이와 같은 기법을 선택하시오.

문제 23〉

① Crashing
② Fast Tacking
③ Resource Leveling
④ Critical Path

정 답　① ①

– Crashing은 자원을 추가로 투입해서 일정을 단축시키는 기법이고 Critical Path 상에 있는 활동들을 대상으로 자원을 투입해야 한다.

빌딩 건축 시에 건물완공 후 노면정비 작업을 하기로 했지만, 일정단축을 위해서 건물 건축과 노면정비를 같이 진행했다. 이와 같은 기법은 무엇인가?

문제 24〉

① Fast tracking
② Crashing
③ Leveling
④ Critical chain method

정 답　① ①

– Fast Tracking은 활동을 병렬적으로 수행하여 일정을 단축시키는 기법이고 Fast Tracking을 수행하면 반드시 Critical Path는 변경된다.

프로젝트 관리자가 일정단축을 위해서 Crashing 기법을 하기로 했다. 이러한 경우 프로젝트 관리자가 고려해야 하는 내용에 해당되는 것은 무엇인가?

문제 25〉

① 활동 간의 종속성 파악
② 주공정 변경
③ 활동 병렬처리
④ 프로젝트 범위 변경

정 답 ②

문제풀이

- 일정단축기법을 사용한다는 것은 그 대상이 Critical Path 상에 있는 활동들을 대상으로 한다. 즉, 일정단축기법 수행 후 변경된 Critical Path를 확인해야 한다.

아래 정보를 활용했을 때 활동 A의 LF는 얼마인가?

문제 26〉

ES	기간	EF		3	3	
활동				활동 A		
LS	전체 여유시간	LF			5	

① 8 ② 9 ③ 10 ④ 11

정 답 ③

문제풀이

- LF, 즉 가장 늦은 종료일은 구하기 위해서 노드를 확인하면 ES와 기간은 30l므로 EF는 5임을 알 수 있다. EF가 60l고 전체 여유시간(Float)이 50l므로 10-5=5라는 결과가 나온다. 즉 LF는 100l라는 의미이다.

아래의 프로젝트 일정 네트워크 다이어그램를 통해 계산한 프로젝트 기간은 어떻게 되는가?

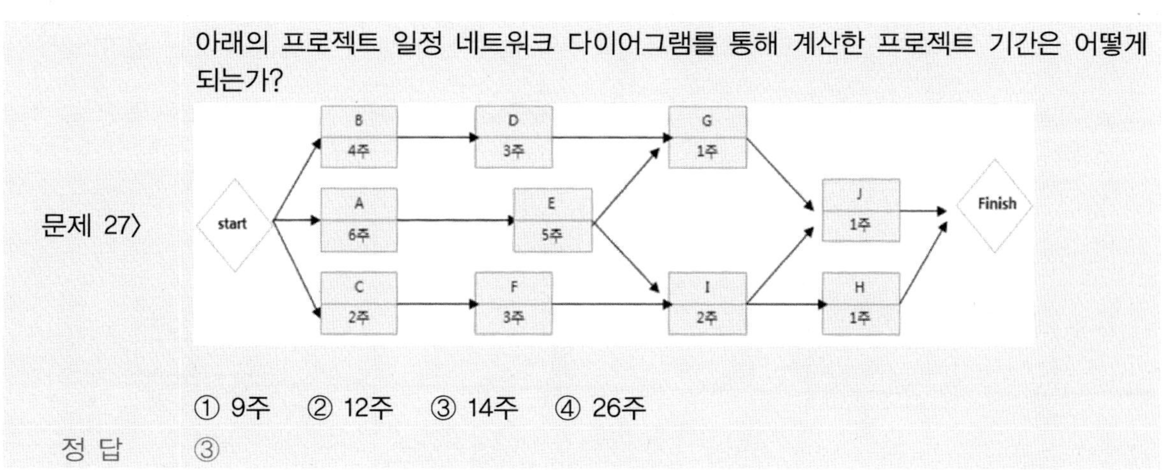

문제 27〉

① 9주   ② 12주   ③ 14주   ④ 26주

정 답   ③

– Critical Path를 묻는 문제이다. 즉, 가장 긴 경로를 파악하면 됩니다. 즉 A→E→I→J로 가면 14이다.

아래의 Data를 통해 계산한 활동의 표준편차는 얼마인가?

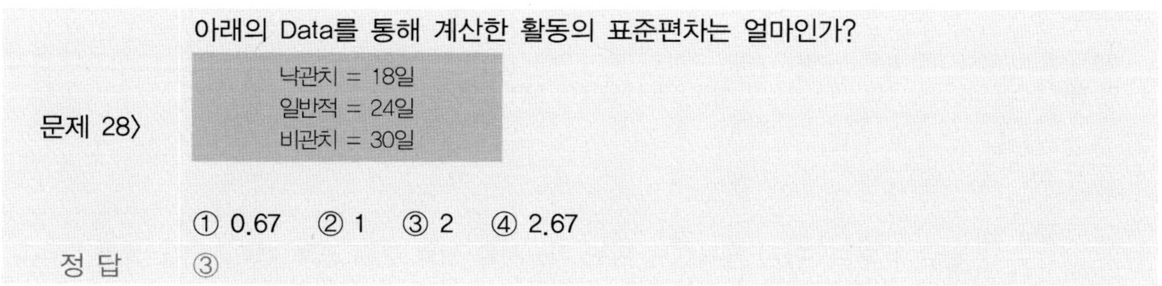

문제 28〉

① 0.67   ② 1   ③ 2   ④ 2.67

정 답   ③

– 표준편차 = (p – o)/6 = (30 – 18)/6

아래의 일정 네트워크도에서 B와 D의 관계가 FF일 때 C 활동의 LF는 얼마인가?

문제 29〉

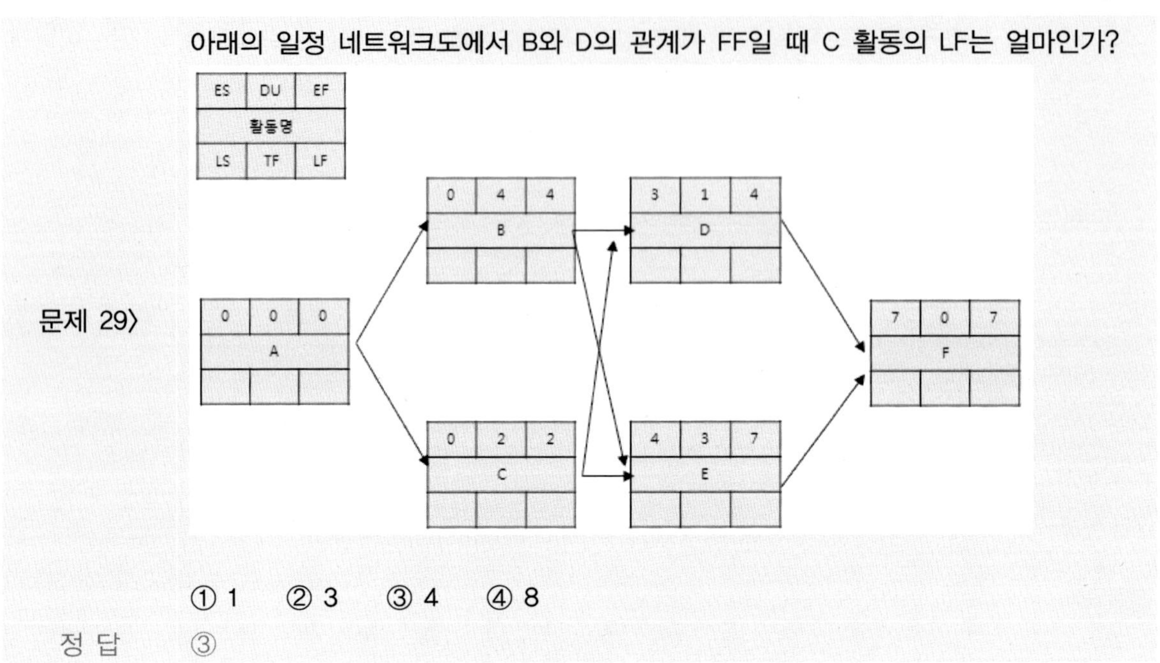

① 1　　② 3　　③ 4　　④ 8

정 답　③

문제풀이

– 질문은 C의 LF, 즉 가장 늦은 종료일을 구하는 것이고 그러기 위해서는 F에서 Backward 스케쥴링을 계산해보아야 한다. 그러면 활동 F의 LS와 LF는 7이 된다. 그리고 활동 E의 LF도 7이 된다. E의 LS는 7 – 3(기간) = 4가 된다.

공공 프로젝트에서 프로젝트 범위 기준서를 완료 후에 프로젝트 기간 산출을 하려고 한다. 아래의 내용 중에서 가장 정확도가 높은 것은 무엇인가?

문제 30〉　① Function Point를 활용하여 규모와 기간을 매핑
　　　　　② 스폰서의 의견을 반영한 기간 산출 수행
　　　　　③ 과거에 유사한 프로젝트 기간 산출 근거를 활용
　　　　　④ 외부 전문 기관에서 제시한 경험을 근거로 한다.

정 답　③

문제풀이

– 프로젝트 기간 산정에서 정확도가 높은 것은 과거 유사 프로젝트를 활동한 기간 산정이다.

STEP 5

프로젝트 원가관리

1. 프로젝트 원가관리(Project Cost Management) 개요

(1) 정의

프로젝트에서 승인된 예산 내에서 완료될 수 있도록 원가추정, 예산을 수립하고 통제하는 프로세스

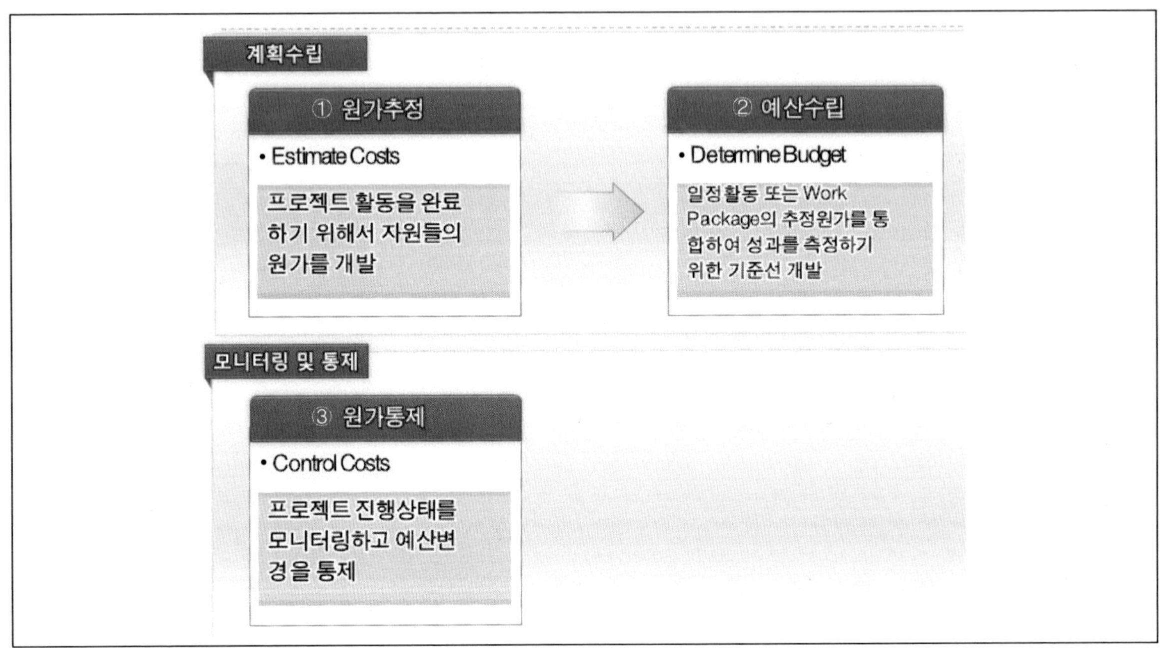

(2) 원가관리 주요 프로세스

승인된 예산 안에서 프로젝트를 완수하기 위한 계획, 산정, 예산책정 및 원가 통제 프로세스, 일정 활동을 완료하는 데 필요한 자원의 원가에 관련된 것에 집중

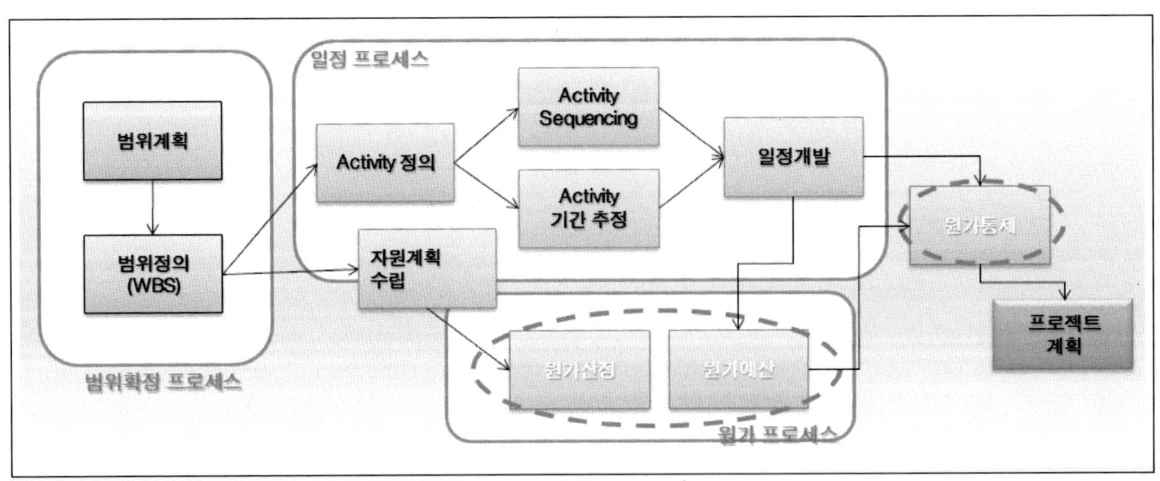

2. 원가추정(Estimate Costs)

(1) 유사 산정

- Analogous Top down Estimating, 전문가 판단에 의한 방법으로 과거 수행 프로젝트 자료를 이용, 정확도는 떨어지나 착수단계에서 사용이 가능함
- 경영층이 총원가를 분석하고자 할 때 사용함

(2) 모수산정

- Parametric Estimating, 과거 풍부한 실제 정보를 수학적으로 분석한 결과에 의한 추정, 이 방법은 모든 비용이 핵심적인 비용과 비례한다는 가정에 근거함

(3) 상향식 추정

- Bottom up Estimating, 가장 정확한 방법으로 가장 많은 비용과 시간이 필요함
- WBS의 가장 낮은 단계에서부터 높은 단계로 독립적인 활동에 대한 비용을 결정하고 자료를 수집하는 방식
- 참여적 형태의 관리에서 가장 효과를 발휘

(4) 3점 산정

- 불확실성 및 위험이 큰 경우 활동원가 산정치의 정확도를 높임(PERT: Program Evaluation and Review)

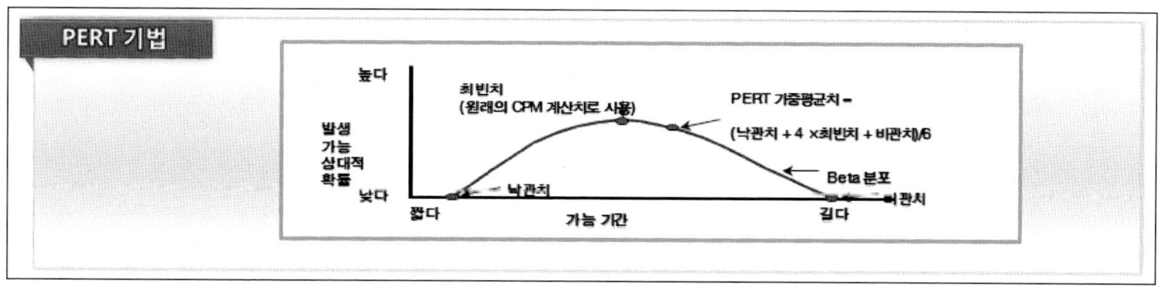

(5) 예비비 분석

- 각 활동의 우발사태 예비비를 활동원가를 기준으로 차등반영

(6) 품질 비용

  - 품질 확보를 위한 원가요소를 분석 반영함

(7) 원가산정 소프트웨어

  - 스프레드시트, 시뮬레이션, 통계도구를 활용하여 원가산정을 수행

(8) 판매자 입찰 분석

  - 판매자의 응찰에 근거하여 원가를 산정

(9) 활동원가추정치

  - 프로젝트를 완료하기 위해서 원가에 대한 정량적 추정치로 모든 자원의 원가를 산정
  - 직접비로 인건비, 장비, 자재, 서비스, 설비 및 물가상승 대비금과 우발사태 예비비 등을 포함할
    수 있음

(10) 추정치 기초자료

  - 원가산정에 필요한 상세자료 원가추정의 근거가 됨
  - 추정방법, 가정을 포함한 문서, 제약 사항 기술서, 가능한 산정치 범위 표시, 신뢰도 수준 표시

(11) 프로젝트 문서 갱신

  - 위험 등록부와 같은 문서를 갱신

기법	설명	비고
유사산정 (Analogous, Top–Down Estimating)	• 보다 효율적이며 전문가 판단에 의한 방법 • 이전 수행 프로젝트 자료 이용 • 정확도는 떨어지나, 착수단계에 사용 가능 • 경영층이 총원가를 분석하고자 할 때 사용	• Expert Judgement
상향식 추정 (Bottom–up Estimating)	• 가장 정확한 방법, 가장 많은 비용과 시간필요 • WBS 가장 낮은 단계에서 부터 높은 단계로, 독립적인 활동에 대한 비용을 결정하고 자료를 수집하는 방식 • 참여적 형태의 관리에서 가장 효과를 발휘	• 추정의 정확성은 분할의 상세화와 비례, 추정 비용과 비례
모수산정 (Parametric Estimating)	• 과거의 풍부한 실제 정보를 수학적으로 분석한 결과에 의한 추정 • 이 방법은 모든 비용이 핵심적인 비용과 비례한다는 가정에 근거	• 회귀분석(Regression Analysis) • Learning Curve
Determine Resource Cost Rates	• 시간당 인건비 등 자원의 단가를 결정	• M/M 방식
예비비분석 (Reserve Analysis)	• 각 활동의 우발사태 예비비를 활동원가를 기준으로 차등 반영	
품질원가 (Cost of Quality)	• 품질 확보를 위한 원가 요소를 분석 반영	

3. 예산수립(Determine Budget)

개별활동 혹은 작업 패키지별로 산정된 원가를 합산하여 승인된 원가 기준선을 설정하는 프로세스

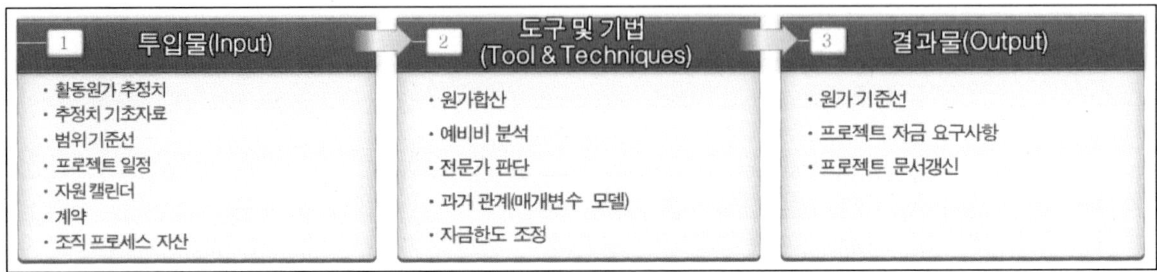

(1) 투입물(Input)

① **활동원가 추정치**: 활동에 대한 원가 산정치

② **추정치 기초자료**: 활동원가 추정치에 대한 보충정보

③ **범위기준선**: 프로젝트 범위 기준선, WBS, WBS 사전(산출물을 식별하고 산출하기 위한 작업 식별)

④ **프로젝트 일정**: 프로젝트 활동, 마일스톤, 작업 패키지, 기획 패키지, 통제단위, 개시일, 종료일

⑤ **자원 캘린더**: 할당된 자원과 할당 시기를 표시하고 프로젝트 기간에서 자원의 원가를 표시

⑥ **계약**: 구매제품, 서비스, 산출물에 관련한 계약정보

⑦ **조직 프로세스 자산**: 공식적, 비공식적 예산 결정관련 정책, 절차, 지침, 원가 예산 결정도구, 보고 방법

(2) 도구 및 기법(Tool&Techniques)

① **원가합산**: WBS에 따라 작업 패키지별로 원가 산정치 합산

② **예비비 분석**

−우발사태 예비비 및 관리 예비비를 설정

−우발사태 예비비: 위험 발생으로 인하여 발생되는 비용

−관리 예비비: 계획되지 않는 범위 변경 등으로 발생하는 비용

③ **전문가 판단**: 수행 중인 활동에 해당되는 응용분야, 지식영역, 전문분야, 산업분야 등에서 전문가의 경험을 기반으로 하는 지식으로 판단해서 예산 결정에 활용

④ **선례관계**

- 모수산정 혹은 유사 산정을 초래하는 모든 선계관계에서 프로젝트 특성을 사용해서 전체 프로젝트 원가를 예측하는 수리 모형 개발
- 예: 면적당 원가계산, 기능당 원가계산

⑤ **자금한도조정**: 자금한도와 지출을 조정, 자금한도와 지출율의 차이를 평준화하기 위해서 작업 일정을 조정해야 할 수 있음

(3) 결과물(Output)

① **원가 기준선**: 시간단계별로 승인된 예산을 합산하여 개발, 성과측정 기준선이라고도 함

② **프로젝트 자금 요구사항**

- 총 자금요구사항 및 분기별, 연도별의 주기별 자금 요구사항으로 총 자금은 원가 기준선에 포함된 자금 및 관리 예비비를 합산함
- 예상지출 및 부채가 모두 포함됨

③ **프로젝트 문서 갱신**

- 리스크등록부, 활동 원가 추정치, 프로젝트 일정 등이 갱신될 수 있음

4. 원가통제(Control Costs)

4.1 원가통제(Control Costs)주요 내용

프로젝트 상태를 모니터링하며 프로젝트 예산을 갱신하고 원가 기준선에 대한 변경을 관리하는 프로세스

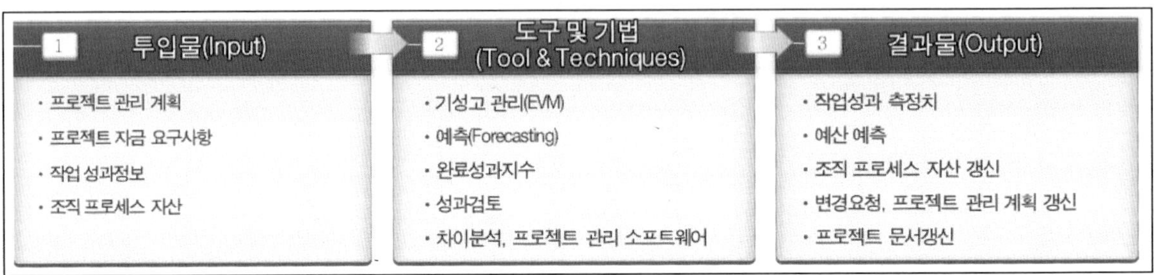

(1) 투입물(Input)

① **프로젝트 관리 계획**

 -원가 성과기준선과 실제결과를 비교해서 변경 및 예방조치

 -원가 관리 계획서는 원가관리 및 통제방법

② **프로젝트 자금 요구사항**: 총 자금 요구사항 및 분기별 자금 요구사항

③ **작업 성과정보**: 프로젝트 진행 정보로 개시여부, 진행정보, 완료된 산출물에 대한 정보

④ **조직 프로세스 자산**: 원가 통제관리 정책과 지침, 원가 통제 도구 사용할 감시 및 보고 방법

(2) 도구 및 기법(Tool&Techniques)

① **기성고 관리**

 -EVM(Earned Value Management)

 -범위, 일정, 원가의 측정 방법을 통합하여 프로젝트 관리팀의 성과 및 진행을 측정

② **예측**: 프로젝트 진행에 따라 성과를 근거로 해서 완료 시점예산(BAC)과 완료 시점 산정치를 예측

③ **완료 성과지수**: 목표를 달성하기 위해서 잔여 작업에서 달성해야 하는 원가 성과를 산출하는 예상치

④ **성과검토**: 시간 경과에 따른 원가 성과, 예산초과, 미달성일정 활동, 작업 패키지, 진행 중인 작업을 완료하기 위해서 필요한 자금 산정치를 비교

⑤ **차이분석**: 원가 성과 측정치를 사용하여 초기 원가 기준선과 차이를 분석(CV 혹은 CPI)

⑥ **프로젝트 관리 소프트웨어**: 획득가치관리를 위해서 그래프 추세 및 감시, 통제를 할 수 있는 소프트웨어

(3) 결과물(Output)

① **작업성과 측정치**: WBS 구성요소에 대해서 계산된 일정 차이(SV), 원가차이(CV), 일정성과지수(SPI)를 문서화하고 이해당사자에게 보고

② **예산 예측**: 완료 시점 산정치(EAC) 또는 사향 완료 시점 산정치(EAC)를 문서화하고 이해 당사자에게 보고

③ **조직 프로세스 자산 갱신**: 차이원인, 시정조치와 채택이유 및 프로젝트 원가 통제과정에서 습득한 교훈

④ **변경요청**: 원가 성과 기준선 혹은 프로젝트 관리 계획서의 구성요소에 대한 변경요청으로 변경통제 수행 프로세스에 의해서 처리됨

⑤ **프로젝트 관리 계획서 갱신**: 원가 성과 기준선 및 원가 관리 계획서 갱신

⑥ **프로젝트 문서 갱신**: 활동 원가 산정치, 산정 기준 등 갱신

4.2. 기성고

(1) 개념 및 주요 목적

① 개념

－프로젝트의 현재까지 실질적 달성 가치를 산출하여 계획대로 실적을 관리하고(일정, 비용) 향후 성과를 예측하는 성과관리 기법

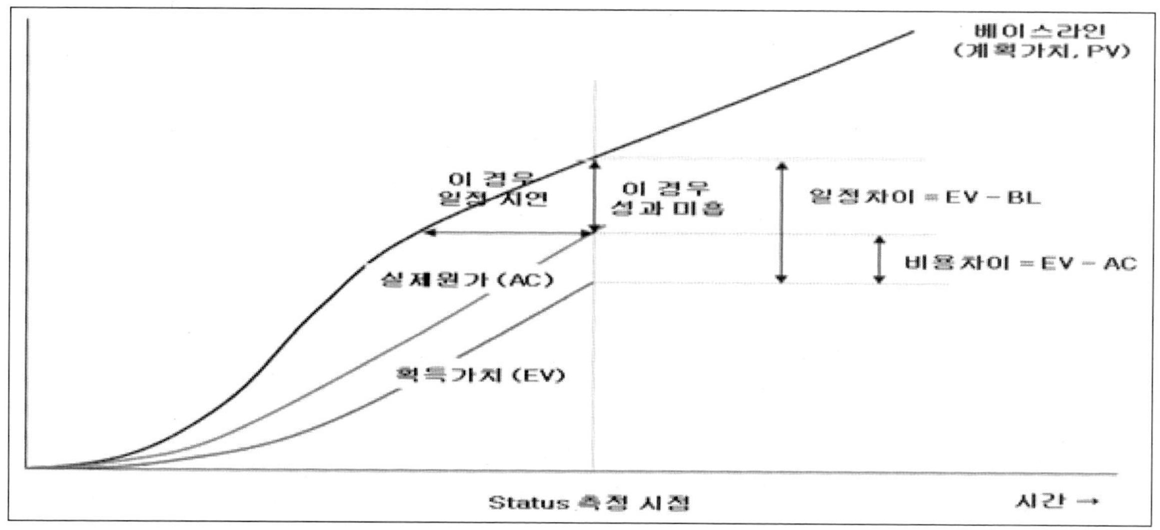

② 기성고 목적

a. 성과측정

　－일정, 비용 등의 현재 가치 기준 성과를 정량적으로 측정

　－작업 효율성의 측정, 목표대비 성과의 파악

b. 미래예측

　－진행 성과기준으로 미래의 성과를 예측(일정, 비용 등)

　－예측된 성과를 이용하여 대응 방안 수립

(2) 기성고 지표

　－기성고 측정의 관리 지표 및 실적, 예측지표

관점	지표	설명
관리 지표	PV(Planned Value)	－계획된 일정상의 작업을 종료하는 데 소요되는 예산
	EV(Earned Value)	－수행된 작업의 양을 화폐 단위로 정량화한 값
	AC(Actual Cost)	－수행된 작업에 실제로 투입된 비용
	BAC(Budget at Completion)	－프로젝트의 완료 시점의 전체 예산
실적지표	CV(Cost Variance)	－비용의 계획과의 차이 값 －산출: EV－AC －의미: 양수(비용절감) 　　　　음수(비용 초과)
	SV(Schedule Variance)	－일정의 계획과의 차이 값 －산출: EV－PV －의미: 양수(일정단축) 　　　　음수(일정지연)
	CPI(Cost Performed Index)	－비용 성과 지수 －산출: EV/AC －의미: 1초과(비용절감) 　　　　1미만(비용 초과)
	SPI(Schedule Performed Index)	－일정 성과 지수 －산출: EV/PV －의미: 1초과(일정단축) 　　　　1미만(일정단축)
예측지표	ETC(Estimate to Completion)	－남은 작업의 소요 비용 - 산출: EAC－AC
	EAC(Estimate at Completion)	－현시점 기준으로 예측한 전체 소요 　비용산출: BAC / CPI
	VAC(Variance at Completion)	－종료단계의 절감 혹은 초과 비용 －산출: BAC － EAC

(3) 기성고 산정 예제

문제풀이

－ 개발자 1MM당 단가는 600만 원이며, 개발자 1명은 1개월에 6본의 프로그램을 개발한다고 가정한다. 전체 프로젝트는 6개월에 72본의 프로그램을 개발하는 것으로 계획되었다. 현시점은 착수 후 6개월 프로젝트 중 4개월이 지났으며, 36본의 프로그램을 개발하였으며, 투입된 MM은 10MM이다.

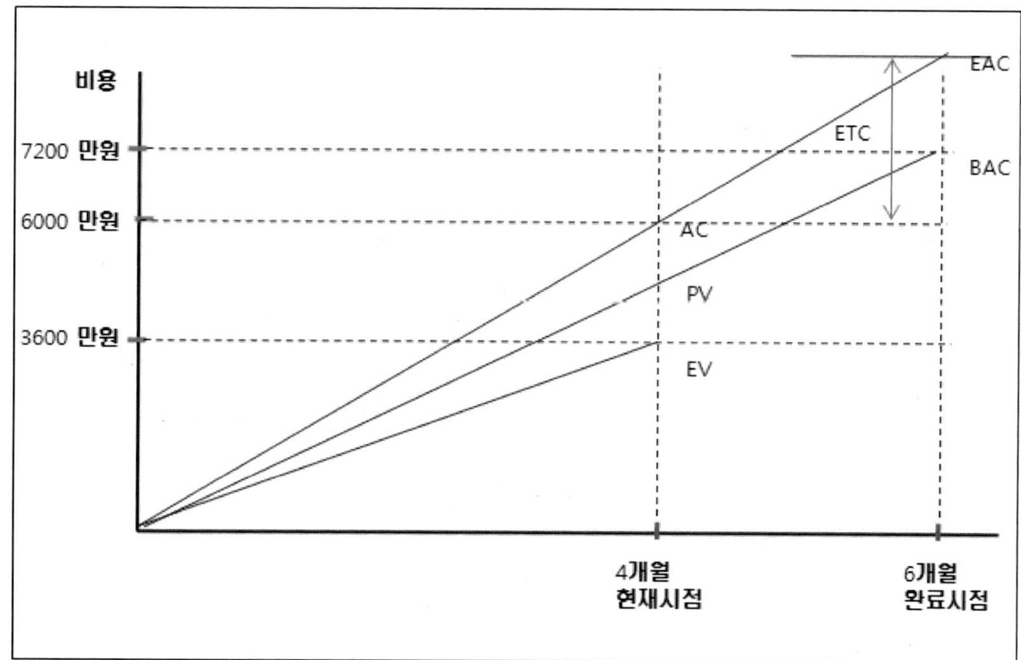

① EV의 산정

－1명이 1개월에 6본을 개발하고, 1개월당 단가가 600만 원이므로 현시점의 개발 완료 36본을 정량화하면 3,600만 원

② AC의 산정

－현시점까지 10MM이 투입되었으므로 6,000만 원(단가 600만 원)

③ PV 의 산정

－4개월 동안의 예상 개발량은 48본이므로 4,800만 원

④ BAC

－6개월 동안 72본을 개발하는 것이 목표이므로 7,200만 원

관점	지표	측정값	진단
관리 지표	PV(Planned Value)	4,800만 원	현시점까지 했어야 하는 작업량 4,800만 원
	EV(Earned Value)	3,600만 원	지금까지 완료한 일
	AC(Actual Cost)	6,000만 원	완료를 위해 사용한 비용
	BAC(Budget at Completion)	7,200만 원	전체 종료를 위한 예산 (초기 계획)
실적 지표	CV(Cost Variance)	3,600 - 6,000 = -2,400만 원	비용이 2,400만 원 초과 집행됨
	SV(Schedule Variance)	3,600 - 4,800 = -1,200만 원	일정이 1,200만 원 지연 됨
	CPI(Cost Performed Index)	3,600/6,000 = 0.6	1보다 작음: 비용 초과
	SPI(Schedule Performed Index)	3600/4800 = 0.75	1보다 작음: 일정 지연

PMP 임호진

프로젝트 원가 관리는 기본적으로 프로젝트 활동을 수행하기 위하여 필요한 자원의 원가와 관련이 있다. 하지만 프로젝트 원가 관리는 또한 프로젝트 제품의 사용 비용에 대한 노력을 고려해야 한다. 예를 들면, 설계 검토 횟수의 제한은 프로젝트에 투입되는 원가는 감소시키지만 소비자의 사용 비용은 증가시킨다. 이러한 프로젝트 관리에 대한 거시적인 안목을 수명주기 원가 산정이라 한다.

원가를 산정하는 작업은 앞장의 범위를 산정한 결과인 WBS의 Work Package와 일정 산정시 수립한 자원의 산정 결과를 활용하여 여러 가지 추정 기법을 이용하여 산정한다. 이 추정 기법을 잘 숙지해 두어야 한다. 또한 본 장에서는 산정된 일정과 원가의 실행을 모니터링하여 실적을 관리하고 상태를 파악하여 미래를 예측하는 기성고 기법(Eared Vale Method)이 다루어졌다.

기성고 기법은 원가와 일정을 종합적으로 판단할 수 있는 도구라는 점과 이를 통해 성과 및 실정을 예측할 수 있는 도구라는 점이 중요하다. 시험에는 성과지표 및 CV/CPI, SV/SPI 등의 실적 지표를 구하는 수준의 문제가 출제되었으나 ETC, EAC 등의 예측 지표의 개념과 계산 방법도 숙지해 두어야 한다.

 용어사전

① **예산관리(Project Cost Management)**
 −프로젝트가 승인된 예산 범위 내에서 완료될 수 있도록 보증하기 위함
② **자원계획(Resource Planning)**
 −프로젝트 활동을 수행하는 데 필요한 자원의 종류(예: 인력, 장비, 자재)와 수량을 결정
③ **예산산정(Cost Estimating)**
 −프로젝트 활동을 수행하는 데 소요되는 자원의 원가를 예측하며 추정된 원가는 요약 또는 상세 형태로 제시
④ **예산편성(Cost Budgeting)**
 −전체적인 원가 예측치를 각각 활동에 배정
 −예산을 각 업무별로 배정하고 Baseline을 설정
⑤ **예산통제(Cost Control)**
 −프로젝트 예산과 관련한 변경 사항을 통제
 −Variance(계획대비 실적차이)를 만들어내는 여러 요인들과 예비비 관리

:: 핵심 문제 풀이

프로젝트 관리자는 프로젝트 성과분석 결과 CPI=0.77, SPI=1.31이 나타났다. 본 결과의 의미로 가장 적당한 것을 선택하시오.

문제 1〉
① 원가 성과 저조, 일정 성과 좋음
② 일정 성과 저조, 원가 성과 좋음
③ 둘 다 좋음
④ 둘 다 저조

정 답　①

문제풀이

– SPI와 CPI가 1 이상이면 일정과 비용성과가 모두 좋은 것을 의미한다. 그런데 CPI는 1 이하이므로 원가 성과는 저조한 것으로 판단할 수가 있다.

새로운 프로젝트 사업 계획 단계에서 추정 담당자가 경험이 부족한 경우 어떤 기법을 사용하는 것이 바람직한지 선택하시오.

문제 2〉
① 프로젝트팀원들의 경험
② RFI를 통한 관련 정보
③ 조직 자산의 과거 기록들
④ 다른 PM의 조언

정 답　③

문제풀이

– 사업계획 단계에서 경험이 부족한 경우 조직의 과거 기록들을 활용하는 것이 바람직하다.

프로젝트 관리자는 품질 검토회의를 줄여서 원가를 줄이지 않고 유지보수 측면을 고려하여서 품질 검토회의를 그대로 진행하기로 했다. 이러한 기법을 무엇이라고 하는지 선택하시오.

문제 3〉

① 생애 주기 원가
② 유사 산정
③ 모수 산정
④ 획득가치 관리

정 답　　①

문제풀이

– PMBOK는 프로젝트 원가 중 생애 주기 원가를 강조한다. 즉, 개발비용과 유지보수 비용을 고려하여 개발을 충실히 수행해야 한다는 것이다. 개발원가만 고려하여 원가를 관리하면 그 결과 소프트웨어의 품질저하를 유발하고 그것은 다시 유지보수 원가 증가가 발생하기 때문이다.

아래의 내용 중에서 프로젝트의 CPI가 0.8이다. 이를 가장 잘 설명한 것 무엇인가?

문제 4〉

① 계획 대비 예산 20% 경감
② 계획 대비 예산 20% 초과
③ 계획 대비 예산 30% 경감
④ 계획 대비 예산 25% 초과

정 답　　①

문제풀이

– 프로젝트 CPI가 0.80이면 25% 계획대비 예산 초과를 의미한다.

이자율이 연간 10%일 때, 2년 후 2,000만 원의 현재 가치는 얼마인가?

문제 5〉
① 1,503만 원
② 1,653만 원
③ 2,000만 원
④ 2,662만 원

정 답　②

문제풀이

– 미래가치 금액이 2,000만 원이므로 2000 = 금액/(1+r)n으로 계산된 것이다. 즉 r은 이자율(할인율)이고 n은 기간이다.

아래의 내용 중 S-curve로 나타난 것을 무엇이라고 하는지 선택하시오.

문제 6〉
① 성과 측정 기준선
② 마일스톤
③ PERT 기법
④ 간트 차트

정 답　①

문제풀이

– 원가관리에서 S-curve는 성과 측정 기준선을 의미한다.

프로젝트 관리자는 유사견적을 사용하기로 했다. 이와 비슷한 것은 무엇인지 선택하시오.

문제 7〉
① 분할
② S Curve
③ Rolling wave estimating
④ Expert 판단

정 답   ④

문제풀이

– 유사견적이라는 것은 과거 경험을 활용하여 견적을 수행하는 것으로 전문가의 판단 기법 중 하나이다.

아래의 내용 중에서 EAC의 의미로 바른 것을 선택하시오.

문제 8〉
① 예상하는 현시점에서 프로젝트 종료 시점까지의 총 원가
② 프로젝트 잔여 예산과 일정
③ 프로젝트 잔여 범위 및 가용성
④ 원가 생산성을 표현

정 답   ①

문제풀이

– EAC는 현재 시험에서 프로젝트 종료 시점까지의 총 원가를 의미한다.

BCWP=3,400만 원, BCWS=3,000만 원, ACWP=2,200만 원일 때, SV 값은 얼마인지 선택하시오.

문제 9〉

① 400만 원
② 1,200만 원
③ 1,000만 원
④ −1,000만 원

정 답　①

문제풀이

– SV는 일정 차이를 의미하고 BCWP − BCWS = EV − PV로 계산된다.

EV = \$630, SPI=0.72일 때, PV는 얼마인가?

문제 10〉

① \$551
② \$600
③ \$700
④ \$875

정 답　④

문제풀이

– SPI가 0.72이면 0.72 = 630/PV이다. 즉, PV 값을 구하면 된다.

AC=1,000원, CPI=1.1, BAC=50,000원일 때 SPI를 계산하기 위해서 필요한 데이터는
아래의 내용 중 어느 것인지 선택하시오.

문제 11〉 ① PV
② EV
③ CV
④ ETC

정 답 ①

– SPI = EV/PV이고 CPI = EV/AC이다. CPI가 1.10이면 1.1 = EV/1,000원이므로 EV의 값을 계산할 수 있다. SPI를 구하기 위해
서는 PV 값만 알면 계산이 가능하다는 것이다.

프로젝트 관리자는 예비비를 위험항목으로 포함하기로 결정했다. 이때 예비비 위험항
목은 어느 것인지 선택하시오.

문제 12〉 ① 지진과 같은 천재지변
② 프로젝트에 필요한 기술을 보유한 인력 부족
③ 스폰서의 사임
④ 비행기 사고

정 답 ②

– 예비비의 포함 항목으로 인력부족이 포함될 수 있다. 지진 및 비행기 사고, 스폰서 사임은 예비비에 해당되지 않는다.

긴급하게 모바일 웹을 개편하려고 한다. 과거의 경험상 구축 시에 1,000만 원이 소요되었다. 이를 기반으로 추정원가를 계산하는 방법은 무엇인지 선택하시오.

문제 13〉	① 유사 산정
	② 상향식 추정
	③ 모수 산정
	④ EV
정 답	①

문제풀이

– 과거의 경험을 기준으로 추정원가를 산정하는 것은 유사 산정 기법이다.

모바일 웹 사이트 구축 원가 산정 시에 예산확정 직전에 최대한 정확한 산정을 하기 위한 방법은 무엇인지 선택하시오.

문제 14〉	① 유사 산정
	② 상향식 추정
	③ 전문가 판단
	④ 하향식 추정
정 답	②

문제풀이

– 원가추정에서 가장 정확한 방법은 상향식 방법이다. 즉, 범위를 세분화하고 각 범위를 추정하는 방법으로 추정된 원가를 합산하면 전체원가를 파악할 수가 있다. 하지만 상향식 방법은 프로젝트 초기에 계산이 어려워서 초기에는 하향식 추정을 사용한다.

모바일 웹 개발에서 PV가 30만 원이다. 프로젝트 현시점에서 20만 원의 원가를 사용했다. 해당 공사가 50% 완료된 시점에서 CV는 얼마인지 선택하시오.

문제 15〉　① -10,000원
　　　　　② -5,000원
　　　　　③ +10,000원
　　　　　④ 계산할 수 없음

정 답　①

문제풀이

– 현시점의 원가 20만 원, 즉 AC=20이다. PV는 30만 원이고 50%가 완료되었다면 EV는 15만 원이 된다. 결론적으로 CV = EV/AC로 계산한다.

추정한 활동 원가 산정 값은 예산 결정 프로세스와 원간 산정 프로세스의 입력물로 사용된다. 두 프로세스에서 입력물로 공통된 것은 무엇인지 선택하시오.

문제 16〉　① 프로젝트 일정, 범위 기준선
　　　　　② 조직 프로세스 자산, 예산
　　　　　③ 자원 역일표, 활동 계획서
　　　　　④ 기업 환경 요인, 추정 근거

정 답　①

문제풀이

– 예산 결정과 원가 산정을 하기 위해서는 ITO(Input Tool Output)를 암기하지 않아도 생각해 보면 일정과 범위 정보가 있어야 한다. 그래서 프로젝트 일정, 범위 기준선이 투입물이 된다.

프로젝트 범위, 자원등급, 복잡도, 수량, 가용성 정보를 입력하면 자동으로 원가를 추정하는 기법은 무엇인지 선택하시오.

문제 17〉
① 모수 산정
② 유사 산정
③ 하향식 추정
④ 전문가 판단

정 답　①

문제풀이

– 수학적 혹은 통계적 기법을 통해서 원가추정을 자동화하는 방법은 모수산정이다.

두 개의 프로젝트 중에서 특정한 하나를 선정하고 선정되지 않은 하나의 프로젝트 가치를 무엇이라고 하는지 선택하시오.

문제 18〉
① 산정 비용
② 간접 비용
③ 기회비용
④ 직접 비용

정 답　③

문제풀이

– 두 개의 프로젝트가 존재할 때, A 프로젝트의 수익은 1억이고 B 프로젝트의 수익은 5천만 원이다. 이때 A 프로젝트를 선정해서 B 프로젝트의 수익 5천만 원을 얻지 못한 것이 기회비용이다.

	프로젝트 진척율 관리를 수행할 때 50/50의 의미로 가장 올바르게 설명한 것을 선택하시오.
문제 19〉	① 작업 착수 시 50% 인정하고, 나머지 50%는 작업 종료할 때 인정 ② 이해 관계자들 50% 이상 완료에 동의하면 100% 인정 ③ 작업 시작 후 50% 되는 시점에서 50% 인정 ④ 자원을 50% 소모하면 50%의 작업을 인정
정 답	①

문제풀이

– 50/50은 시작하면 50%를 인정하고 종료할 때 나머지 50%를 인정하는 진척율 관리 방법이다. 0/100은 성과를 인정하지 않다가 완료하면 100%를 인정하는 방법이다.

	공공 프로젝트 관리자로 원가 통제 시에 가장 중점이 되는 활동은 무엇인지 선택하시오.
문제 20〉	① 남은 예비비, 잔여 과업 범위 분석 ② 완료 과업 범위 대비 사용한 비용 분석 ③ 일정 대비 사용한 비용 분석 ④ 대응 불가능한 위험요소, 추가 비용 분석
정 답	②

문제풀이

– 원가 통제 시에 가장 중점적으로 생각해봐야 하는 것은 과업 범위 대비 사용한 비용분석이다.

프로젝트에서 10명이 10일 동안 작업 DB통합 작업을 한다. 작업 간은 아무런 관계가 없다고 가정하고 5명이 빠져서 5명만 DB통합 작업을 수행하면 얼마의 기간이 필요한 지 선택하시오.

문제 21〉

① 7일
② 10일
③ 20일
④ 40일

정 답   ③

– 10명이 10일 동안 DB 통합 작업을 한다면 10MD이다. 이때 5명이 빠지면 5명만 작업을 해야 하므로 5×20일 동안 작업을 수행해야 한다.

프로젝트에 100MM의 추가 인력을 투입했다. 업무 범위와 기준선은 변경이 없고, 이 렇게 추가 인력 투입 시에 프로젝트 종료 시 SPI와 CPI에는 어떤 영향을 주는지 설명 한 것으로 가장 올바른 것을 선택하시오.

문제 22〉

① SPI, CPI에 긍정적인 영향
② SPI, CPI에 부정적인 영향
③ SPI 파악할 수 없음, CPI는 부정적인 영향
④ SPI는 변동 없음, CPI 부정적인 영향

정 답   ④

– 업무 범위와 기준선의 변경이 없는 가운데 추가 인력이 투입되면 CPI에, 즉 원가가 증가한다.

프로젝트 스폰서가 최종적으로 만들어진 원가에 대해서 보고를 요청한 경우 무엇을 참조해서 최종 원가를 제출해야 하는지 선택하시오.

문제 23〉
① 프로젝트 계약서
② 프로젝트 헌장
③ WBS와 WBS 사전
④ 프로젝트 SOW

정 답 ③

문제풀이

– 스폰서가 원가 보고서를 요청한 경우 WBS와 WBS 사전을 참조해야 한다. 위의 지문에서 가장 상세화된 범위 정보는 WBS와 WBS사전에 포함하고 있다.

프로젝트 관리 시스템에서 투입 원가와 자원을 관리하기 위한 코드 배정항목으로 가장 바람직한 것을 선택하시오.

문제 24〉
① 활동 계획
② 계획 패키지
③ 작업 패키지
④ 통제 단위

정 답 ④

문제풀이

– 통제단위는 관리 통제하기 위해서 코드 배정항목을 부여한 것을 의미한다.

프로젝트 A, B의 상황이 다음과 같을 때 두 프로젝트의 성과 비교를 가장 잘 평가한 것은?

프로젝트	PV	EV	AC
A	100	90	120
B	10,000	9,900	10,020

문제 25〉

① 프로젝트 A와 B 모두 원가 성과 좋다.
② 프로젝트 A와 B 모두 일정성과 좋다.
③ 프로젝트 A의 원가 성과가 프로젝트 B보다 나쁘다.
④ 프로젝트 A의 일정성과가 프로젝트 B보다 좋다.

정 답   ③

문제풀이

– 위의 문제는 CV와 SV를 계산하면 그 결과를 알 수 있다. CV = EV-AC이고 SV=EV-PV로 계산해서 큰 값이 성과가 좋은 것이다.

STEP 6

프로젝트 품질관리

1. 프로젝트 품질관리(Project Quality Management) 개요

프로젝트수행조직에서 프로젝트가 요구사항을 충족할 수 있도록 품질 정책, 품질 목표, 품질 책임 사항을 결정하는 프로세스 및 활동

- 품질을 제품품질과 프로세스 품질로 분류함
- 품질관리는 예방을 강조하는 활동이며 품질관리의 목표는 고객의 니즈를충족할 수 있도록 품질방침, 품질목적, 책임사항을 결정하는 수행조직의 모든 활동 및 프로세스
- 서로 다른 이해 관계자들의 요구사항, 기대효과를 프로젝트 범위 관리를 수행하는 동안 이해 관계자 분석을 통해서 요구사항으로 변환하는 것임

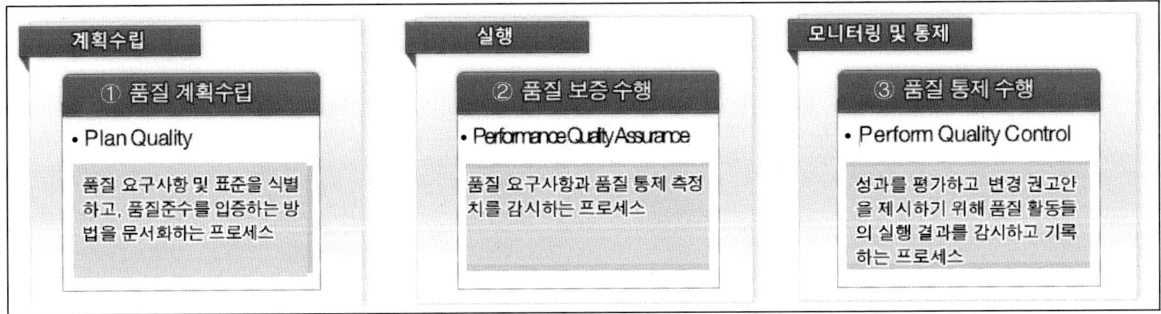

1) 고객 만족: 고객의 요구사항이 충족되도록 기대치를 파악, 평가, 정의하고 관리, 즉 요구사항의 일치성과 사용 적합성
2) 검사보다는 예방: 품질검사를 통해서 검출된 오류를 시정하는 데 소요되는 비용이 사전에 오류를 예방하는 비용보다 큼
3) 경영진의 책임: 프로젝트를 완수하는 데 필요한 자원을 제공
 - 산출된 제품에 대한 종합적인 책임: 프로젝트 관리자
 - 자신들의 작업을 검사해야 하는 궁극적인 책임: 프로젝트팀원
 - 조직에서 정의한 품질에 대한 궁극적인 책임: 경영진
4) 지속적인 개선: PDCA(Plan Do Check Action) 사이클을 지속적으로 운영, TQM(Total Quality Management), 6시그마 등의 조직차원의 프로세스 개선

2. 품질 계획수립(Plan Quality)

2.1. 품질 계획수립(Plan Quality)의 이해

- 프로젝트 및 제품에 대한 품질 요구사항 및 표준을 식별하고, 입증하는 방법을 문서화하는 프로세스(제품 및 프로세스 품질기준)
- 이해 관계자들에게 정보배포를 통해서 품질방침을 이해하고 있다는 책임은 프로젝트 관리자에 존재

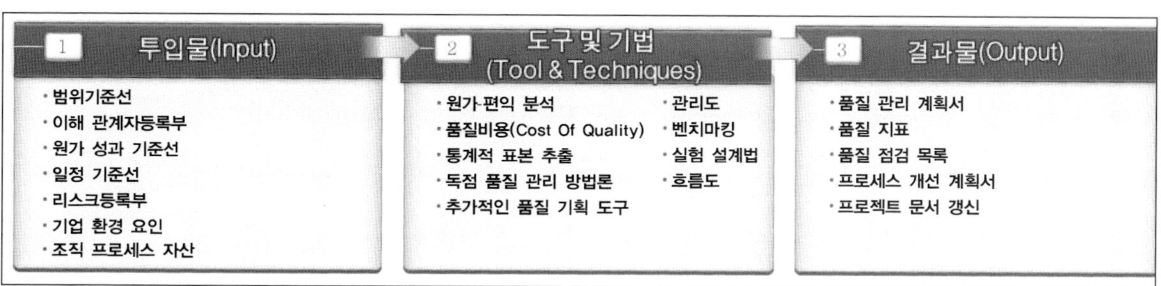

(1) 투입물(Input)

① **범위기준선**: 범위기술서, 작업분류체계(WBS), WBS 사전

② **이해 관계자등록부**: 품질에 영향력을 행사하는 이해 관계자들 식별

③ **원가 성과 기준선**: 원가 성과를 측정하는 데 사용되는 승인된 시간 단계별 원가 문서

④ **일정기준선**: 시작과 종료일을 포함하여 승인된 일정 성과 척도 문서

⑤ **리스크등록부**: 품질 요구사항에 영향을 미칠 수 있는 위험과 기회에 대한 정보

⑥ **기업 환경 요인**: 법규, 표준 및 지침, 프로젝트 운영 조건 등

⑦ **조직 프로세스 자산**: 조직의 품질 정책 및 절차 및 지침, 선례 정보, 과거 프로젝트에서 습득한 교훈 등

(2) 도구 및 기법(Tool & Techniques)

① **원가-편익 분석**: 품질 활동에 소요되는 비용과 그에 따른 효과를 분석하여 최적의 품질 수준을 계획하는 작업

② **품질 비용(Cost Of Quality)**: 품질 활동에 소요되는 비용

③ **관리도**

- 프로세스가 안정적인지 또는 예상한 성과를 달성 여부를 판별 시 사용

- 최고 및 최저 사양 한계는 계약의 요구사항을 근거로 하며, 허용되는 최댓값과 최솟값을 반영

④ **벤치마킹**

- 프로젝트 실무관행이 유사한 다른 프로젝트와 현재 프로젝트를 비교, 검토하여 개선책과 성과 측정 기준을 제시

⑤ **실험 설계법**: 개발 또는 생산 중인 제품이나 프로세스의 특정 변수에 영향을 줄 수 있는 요인들을 식별하는 통계학적 기법

⑥ **통계적 표본 추출**: 모집단에서 검사 표본을 선정하는 것으로 표본 주기와 크기를 결정 품질 비용에 반영

⑦ **흐름도**: 프로세스 단계들 간 관계를 보여주는 프로세스 도표

⑧ **독점 품질 관리방법론**: 6시그마, CMMI, QFD(Quality Function Deployment)

⑨ **추가적인 품질 기획 도구**: 브레인스토밍, 친화도, 역장 분석, 명목집단 분석, 매트릭스, 우선순위 지표 등

(3) 결과물(Output)

① **품질 관리 계획서**: 수행조직의 품질 정책을 어떻게 이행할 것인지 기술한 문서

② **품질 지표**: 프로젝트 또는 제품의 속성, 그리고 품질 통제 프로세스가 각 속성의 측정을 매우 구체적인 용어로 설명하는 운영상의 정의

③ **품질 점검 목록**: 필요한 작업 단계를 수행했는지 확인하는 데 사용되는 체계적인 도구

④ **프로세스 개선 계획서**: 지표의 현 수준 개선, 프로세스 성숙도 향상이 목표

⑤ **프로젝트 문서 갱신**: 이해 관계자등록부, 책임배정매트릭스(RAM)

2.2. 품질계획 기법

(1) 개념

프로젝트 계획 프로세스에서 품질관리를 위한 기법

(2) 도구

기 법	설 명
수익비용 분석	효율적인 품질관리를 위해 품질 관리 비용 대비 효과를 분석하는 것
벤치마킹	다른 프로젝트의 품질계획과 사례를 참조하여 반영하는 것
실험 계획법	각 요소들의 조합이 제품이나 프로세스의 변수에 어떤 영향을 주는지 분석하여 최적화된 조합을 식별하는 것
품질 비용(COQ)	프로젝트의 품질활동에 소요되는 비용을 분석하는 것

(3) 품질과 경제성

- 필요 이상의 품질을 제공(Gold Plating)하여서는 안 된다.
- Fitness for use 혹은 conformance to requirements

2.3. 품질 비용

(1) 개념

품질계획 수립 시 적정수준의 품질을 확보하기 위하여 수행하는 활동에 투입되는 비용(품질계획 수립, 품질보증, 품질통제 활동 비용)

(2) 도구

기 법	설 명	사 례
예방비용 (Prevention cost)	결함을 예방하기 위한 비용	교육훈련비용, 품질계획 비용, 설계검토 비용, 공정관리 비용
평가비용 (Appraisal Cost)	규격 만족을 확인하기 위해 제품 품질을 측정하고 평가하는 비용	감리, 완제품 검사 비용 ISO 획득비용
내부실패비용 (internal failure cost)	고객에게 배달되기 전, 오류를 수정하거나 실패를 진단하는 비용	폐기처분, 재작업, 재검사 비용 작업중단 비용
외부실패비용 (external failure cost)	고객에게 배달된 후, 제품이나 서비스를 수정하는 데 드는 비용	반품비용, 제품책임 비용 클레임처리 비용, 보증수수료, 호감상실 비용

(3) 등급과 품질의 차이

- 등급과 품질: Low Quality는 문제이지만, Low grade는 문제라고 할 수 없다.
- 예) 메모장은 일반 Word Processing Package보다 grade는 낮지만 Quality는 높다.

2.4. 품질기준선

- 프로젝트에 딜싱하고자 하는 품질지표의 목표가 품질 기준선
- 즉, 정량적인 품질목표를 의미, 결함률, 응답속도, 신뢰성 등

용어사전

① **품질정책(Quality Policy)**
- 품질에 대한 회사 방침을 정의한 것(경영층 선언)
- 프로젝트에 적합한 품질정책 수립, 책임은 프로젝트에 있음
② **품질지표(Quality Metric)**
- 품질표준을 계량화하여 표현한 것

3. 품질보증 수행(Performance Quality Assurance)

3.1. 품질보증수행 주요 내용
  품질 요구사항과 품질 통제의 측정 결과를 감시하면서, 해당하는 품질표준과 운영상 정의를 사용하고 있는지 확인하는 프로세스(지속적인 프로세스 개선)

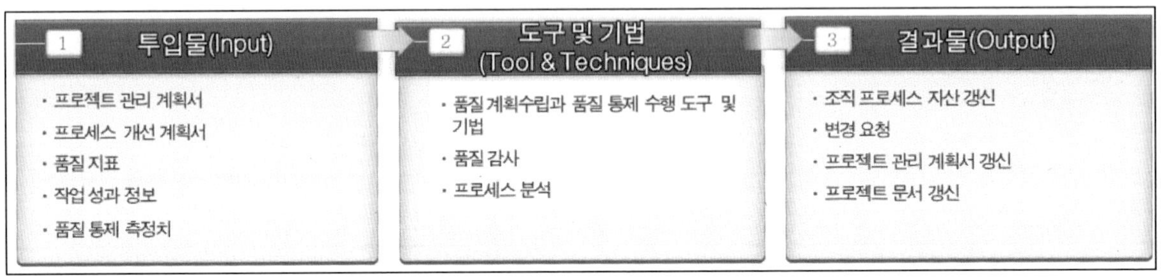

(1) 투입물(Input)
  ① **프로젝트 관리 계획서**: 프로젝트 내에서 품질보증을 수행할 방법 설명
  ② **프로세스 개선 계획서**: 프로세스 가치를 향상시키는 활동을 식별할 수 있도록 프로세스 분석 단계 설명
  ③ **품질 지표**: 프로젝트 또는 제품의 속성, 그리고 품질 통제 프로세스가 각 속성을 측정을 매우 구체적인 용어로 설명하는 운영상의 정의
  ④ **작업 성과 정보**: 기술적 성과 척도, 일정 진행률, 발생 비용 등 프로젝트 활동 성과 정보를 수집
  ⑤ **품질 통제 측정치**: 품질 통제 활동의 결과물

(2) 도구 및 기법(Tool & Techniques)
  ① **품질 계획수립과 품질 통제 수행 도구 및 기법**
  ② **품질 감사**: 프로젝트 활동이 조직의 프로젝트 정책, 프로세스 및 절차를 따르는지 판별하기 위하여 수행하는 체계적이며 독립적인 검토 활동
  ③ **프로세스 분석**: 프로세스 개선 계획에 있는 단계에 따라 필요한 개선사항을 식별

(3) 결과물(Output)
  ① **조직 프로세스 갱신**
  ② **변경요청**: 통합 변경 통제 수행 프로세스의 투입물로 사용하여 시정 조치 또는 예방 조치를 취

하거나 결함을 수정할 때 사용

③ **프로젝트 관리 계획서 갱신**

④ **프로젝트 문서 갱신**: 품질 감사 보고서, 교육 계획, 프로세스 문서 등을 업데이트

3.2. 품질보증과 품질 통제 차이점

구 분	품질보증(QA)	품질 통제(QC)
주 활동	To Ensure 프로세스 준수를 평가	Eliminate Nonconformance 부적합을 제거하는 활동
대상	프로세스 변경, QC의 산출물	일의 결과(제품, 프로세스, 성과)
핵심 산출물	내부 프로세스 개선	검증된 오류 수정
주체	내 외부 전문 심사자	프로젝트팀원
핵심 도구	품질심사(Quality Audit)	검토(Inspection)

4. 품질 통제 수행(Perform Quality Control)

4.1. 품질 통제 수행의 주요 내용

품질 활동의 실행 결과를 감시하고 기록하면서 성과 평가하고 필요한 변경 권고안을 제시하는 프로세스

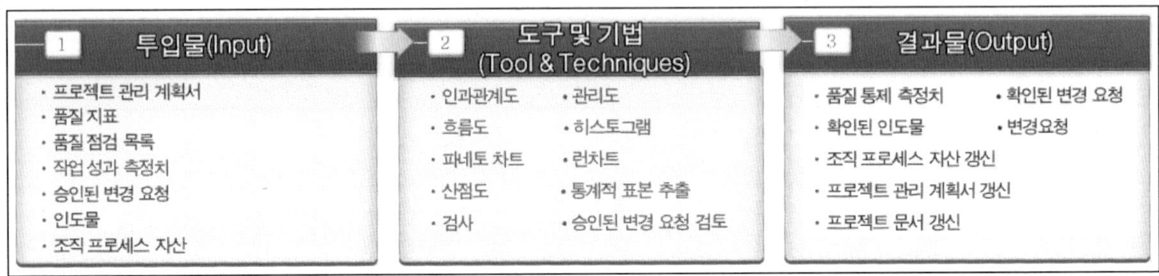

(1) 투입물(Input)

① 프로젝트 관리 계획서

② 품질지표

③ 품질 점검 목록

④ 작업 성과 측정치: 프로젝트의 예정 진행 대비 실제 진행을 평가하기 위한 프로젝트 활동 지표

⑤ 승인된 변경요청

⑥ 인도물

⑦ 조직 프로세스 자산

(2) 도구 및 기법(Tool & Techniques)

① 인과관계도

　－문제 발생의 다양한 원인들이 서로 어떻게 연관되어 있는지를 보여주는 다이어그램

　－이시카와 도표 또는 물고기뼈 도표라고도 함

② 관리도: 프로세스의 진행 상황과 프로세스가 특별한 원인 변동을 판단하기 위한 품질 통제 기법

③ 히스토그램: 특정한 변수 상태가 발생하는 빈도를 보여주는 수직 막대 차트

④ 파레토 차트: 발생 빈도순으로 정렬한 형태의 히스토그램으로 식별된 원의 유형 또는 범주별로 발생한 결함의 수 등을 나타냄

⑤ 런차트: 발생 순서로 표시되는 자료점을 보여주는 선 그래프

⑥ **산점도**: 두 변수 간의 관계를 점들로 나타낸 그래프로 점들이 대각선에 근접할수록 밀접한 관계임

⑦ **검사**: 작업된 제품이 표준 준수 여부 등을 판별하기 위하여 제품을 조사하는 활동

(3) 결과물(Output)

① 품질 통제 측정치

② 확인된 인도물

③ 확인된 변경요청

④ 변경요청

⑤ 조직 프로세스 자산 갱신

⑥ 프로젝트 관리 계획서 갱신

⑦ 프로젝트 문서 갱신

4.2. 품질통제 도구

구 분	도 구	설 명
부적합 식별 및 수정	Control Chart	프로세스가 예측할 수 있고 안정적인지 판단
	Inspection	산출물이 표준에 부합하는지 여부를 평가
	Run Chart	시간의 흐름에 따른 프로세스 및 성과 추이분석
	Defect Repair Review	제3부서에서 식별된 결함을 정확하게 수정하는지 평가
부적합 유형 분류 및 우선순위 결정	Histogram	특정 변수의 빈도 수를 그래프로 표현
	Pareto Diagram	결함원인을 빈도 수 순으로 Histogram 형태로 표현 효과가 큰 원인부터 수정
	Cause Effect Diagram	주요 원인에 대한 다양한 변수들의 관계를 생선 뼈 모양으로 체계적으로 표현
원인분석	Flow Chart	문제의 발생경과를 프로세스 흐름으로 표현
	Scatter Diagram	두 변수의 상관관계를 X, Y축으로 표현하여 독립변수 및 종속변수를 추정
기타	통계적 샘플링(Statistical Sampling)	품질통제 활동 비용을 최소화할 수 있는 모집단에서의 샘플 추출 방법

(1) 제어도(Control Chart)

① **개념**

－공정이나 프로세스의 안정성 여부 혹은 예측 가능성을 판단하기 위한 도구

② 도구

－Random cause와 Special cause의 개념을 활용하여 이상 요인이 발생했는지 탐지하거나 제품에 대한

　합격, 불합격을 판정

－in control: random variation은 발생하지만, 통제할 수 있는 special variation은 없는 상태(special variation은 원인을 규명해야 함=assignable cause라고도 한다.)

－out of control: 결과가 상한선(UCL)이나 하한선(LCL)을 벗어나는 경우

－7 rule: 7개 이상의 연속되는 포인트가 특정 패턴을 보이는 경우(한 방향 계속 증가/계속 감소, 평균을 중심으로 한 부분에만 위치)

－Hugging: 평균을 중심으로 어느 한 부분에 2/3 이상이 몰려있는 경우

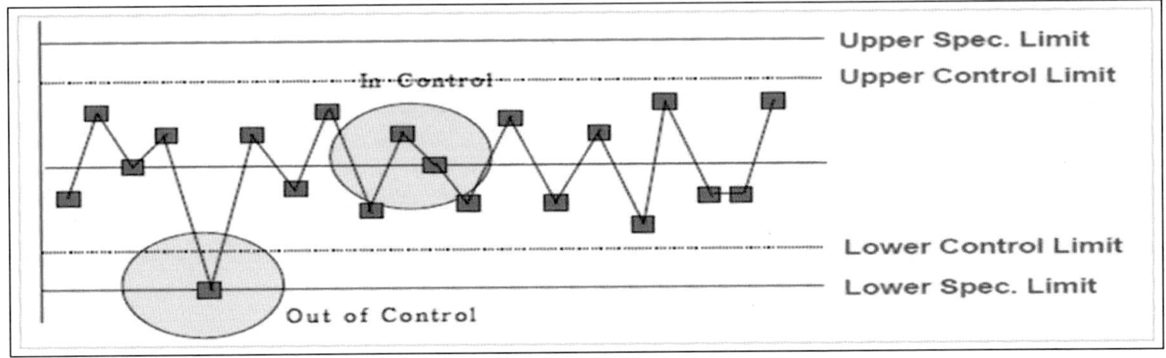

* UCL(Upper Spec Limit)과 LSL(Lower Spec Limit): 제품 품질 사양의 상한 및 하한 한계선

관리도(Control Chart)

· Attribute Sampling: 결과가 충족되는지 여부를 판단
· Variable Sampling: 결과가 충족되는지 정도를 측정
· Special cause: 비정상적인 사건
· Random cause: 정상적인 프로세스로부터의 편차
· 허용오차(Tolerances): 결과가 허용오차 범위 내에 있으면 허용할 수 있음
· 통제 한도(Control Limit): 결과가 통제 한도 범위 내에 있으면 관리되고 있음

---

(2) 파레토(Pareto Diagram)

① 개념

－발생빈도에 의해서 만들어지는 히스토그램

－확인된 원인의 형태나 범주가 어느 정도의 결과를 일으키는지 보여줌

② 도구

－히스토그램의 특수한 형태로 발생 빈도에 따라 정렬하여 식별된 원인의 유형과 범주에 따라 결함이 얼마나 많이 발생하는지 보여줌

－파레토 기법은 부적합성을 식별하고 평가하는 데 주로 사용

－80:20 법칙 활용 최대 빈도의 결함을 유발하는 문제를 정정하는 우선 조치

－즉, 제한된 자원으로 최대의 효과를 얻고자 할 때 자주 활용하는 기법

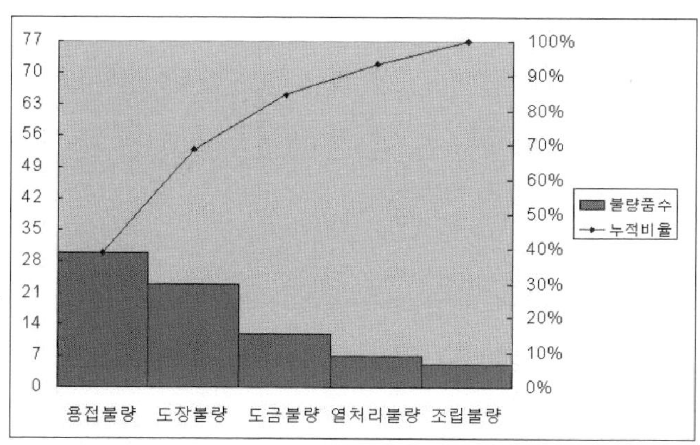

(3) 특성 요인(Cause Effect Diagram)

① 개념

어떻게 다양한 원인들이 잠재적인 문제 또는 결과를 일으키는 데 관련되는지 보여줌, 어떤 결과
의 원인을 체계적으로 이해(Fish bone)

② 도구

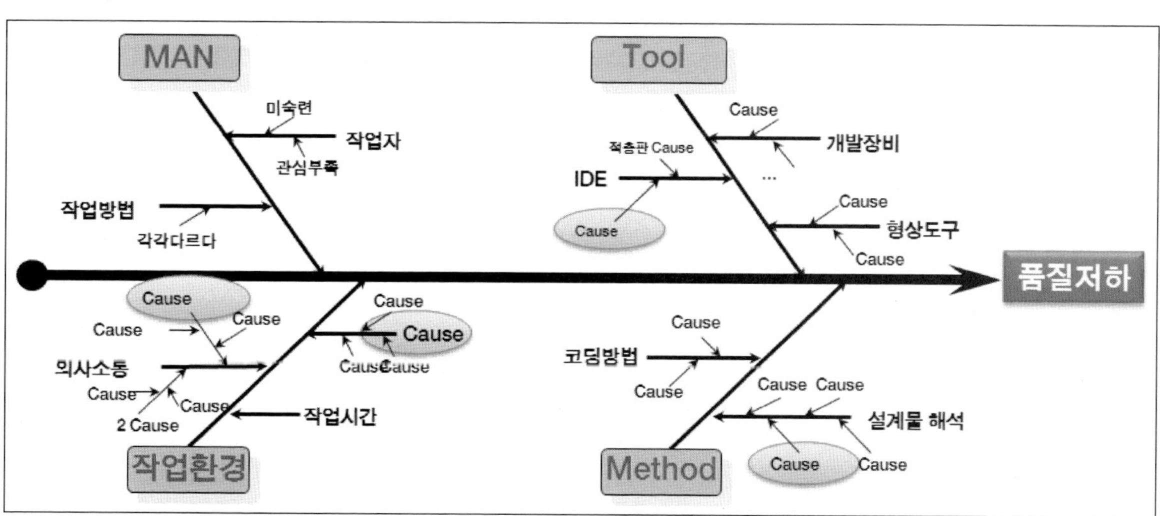

(4) 산점도(Scatter Diagram)

① 개념

사람의 키와 몸무게처럼 서로 관련 있는 두 변수에 대해서 특성(결과)과 요인(원인)의 관계를 규

명하고 이 관계를 시각적으로 표현하고자 할 때 사용

② 도구

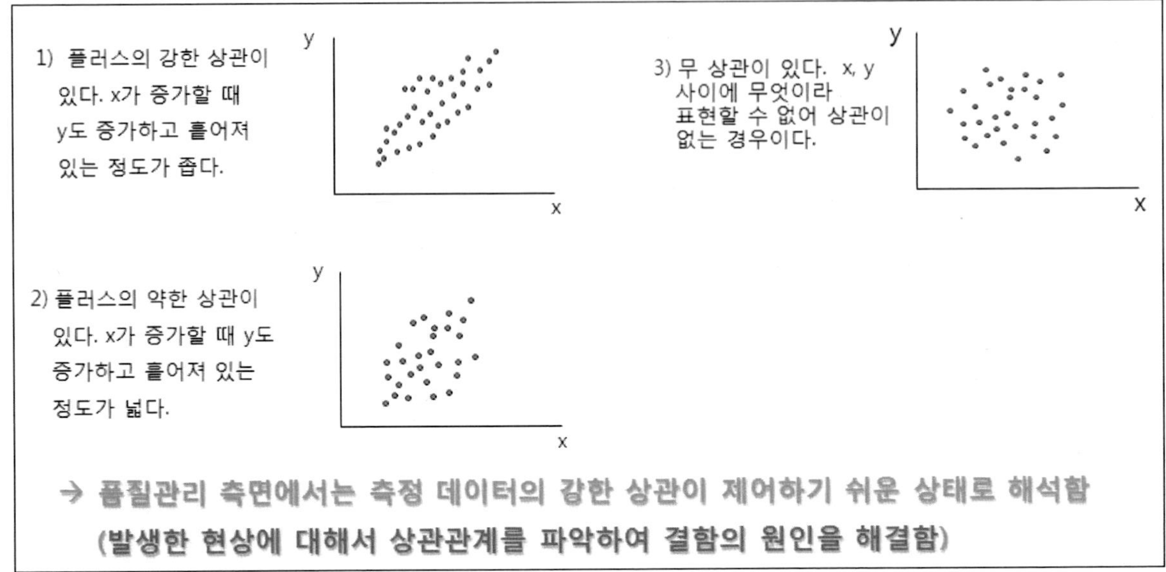

(5) 히스토그램(Histogram Diagram)

① 개념

데이터가 존재하는 범위를 몇 개의 구간으로 나누어서 각 구간에 들어가는 데이터의 발생 빈도 수를 체크하여 막대그래프로 작성한 그림, 데이터 분포 형태를 쉽게 파악

② 도구

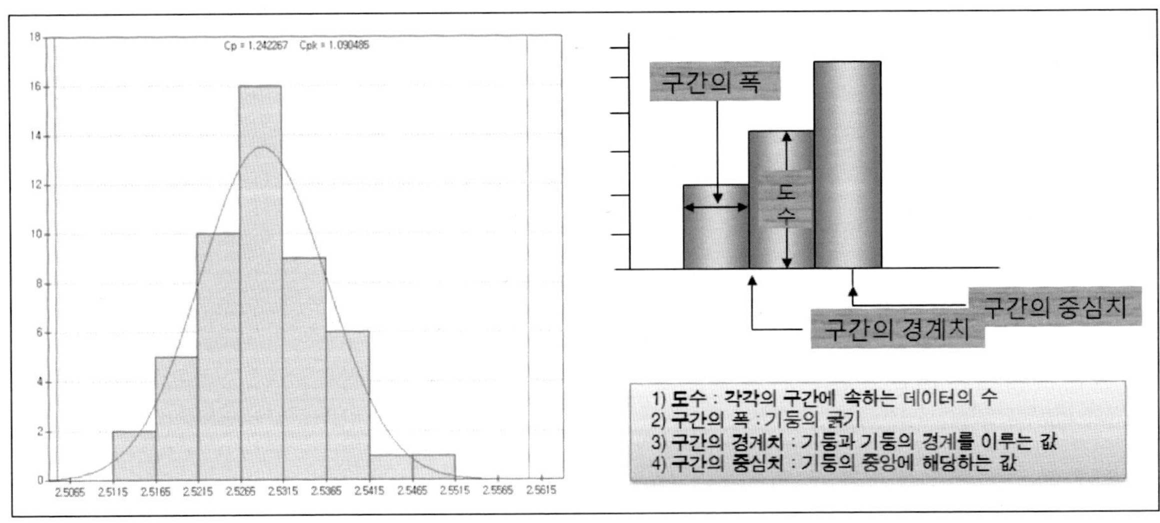

PMP 임호진

품질이란 명시적 혹은 묵시적인 요구를 만족시키기 위해 한 개체가 가져야 하는 총체적인 특징이다. 이는 명시적 및 묵시적 요구는 프로젝트 요구사항(requirement)을 개발하기 위한 입력이 된다. 프로젝트 환경에서 품질관리의 중요한 측면은 프로젝트 범위 관리를 통해 묵시적 요구를 요구사항으로 바꾸는 것이다.

프로젝트 관리팀은 품질과 등급(grade)을 혼동하지 않도록 주의해야 한다. 등급이란 "기능상의 용도는 동일하지만, 다른 기술적 특성을 가진 개체(entity)에 주어진 분류(category) 또는 순위(rank)"를 말한다. 낮은 품질은 항상 문제가 되지만, 낮은 등급은 그렇지 않을 수도 있다. 예를 들면, 소프트웨어 제품은 품질이 높으면서(실행상 결함이 없고, 편리한 사용설명서) 등급이 낮을(한정된 특성) 수도 있고, 품질이 낮으면서(많은 결함, 부실한 사용설명서) 등급이 높을(많은 특성) 수도 있다. 요구되는 수준의 품질 및 등급을 결정하고 생산하는 것은 프로젝트 관리자 및 프로젝트 관리팀의 책임이다.

이 장의 구성은 요구사항에 근거하여 품질의 목표 수준을 정하고 통제하는 방법 등을 정의하는 품질계획과 품질보증, 품질 통제 등의 프로세스로 이루어진다. 특히 학습자는 여기서 품질보증과 품질 통제 활동의 구분을 할 수 있어야 한다. 먼저 품질보증이라 하면 프로젝트가 관련된 품질표준을 만족시킬 것이라는 신뢰를 제공하기 위해 정기적으로 전반적인 프로젝트 성과를 평가하고 프로세스를 점검하는 일체의 행위이며, 품질 통제 활동은 특정 프로젝트의 결과들이 관련된 품질표준에 따르는지 모니터링하고, 불만족한 성과의 원인을 제거하기 위한 방법을 정의한다. 이러한 품질 통제에 활용되는 도구와 기법들이 시험을 위하여 중요한 지식이 된다.

용어사전

① 품질
- 품질은 제품의 가치를 나타내는 척도로서 물품 또는 서비스가 그것의 적용목적을 만족시키는가의 여부를 결정하기 위한 평가의 대상이 되는 고유의 특성, "Conformance to requirements, Fitness for use"

② 품질목표
- 제품 측면: 프로젝트 납품물이 달성해야 할 기능이나 성능상의 목표
- 프로세스 측면: 프로젝트에 적합한 품질 표준을 식별한다는 것은 프로젝트에 적합한 기술/성능상의 목표와 프로젝트 수행 프로세스를 정의하는 것을 의미

③ 품질관리(Project Quality Management)
- ISO의 품질 개념을 채택하고 있으며, 명시적 요구뿐만 아니라 묵시적 요구사항까지도 충족하는 것

④ 품질계획(Quality Planning)
- 품질 계획은 품질 표준이 되는 프로젝트에 적절한지 식별하고 그것을 어떻게 만족시켜야 하는지를 결정하는 것

⑤ 품질보증(Quality Assurance, QA)
- 프로젝트가 품질표준에 적합하다는 것을 보장하기 위하여 정기적인 평가를 하는 활동

프로젝트 품질향상을 위해서 많은 일정과 자원을 투입하고 싶지만, CEO는 프로젝트의 투입할 일정과 자원을 한정했다. 이러한 경우 경제적인 측면에서 품질을 향상시키기 위해 어떤 기법을 사용하는 것이 가장 적정한가?

문제 1〉

① 인과관계 다이어그램
② 민감도 분석
③ 관리 다이어그램
④ 파레토 다이어그램

정 답　④

문제풀이

– 품질향상을 위해서 자원한계가 존재하고 있고 이럴 경우 가장 핵심적인 20%에 투입하여 성과를 극대화해야 한다(파레토 법칙).

프로젝트 관리자와 품질 관리자는 프로젝트 품질목표, 품질표준을 정의하였다. 품질목표, 품질표준을 활용하여 품질관리 계획서 및 점검항목과 지표 등을 파악하기 위한 기법으로 어떤 기법을 사용할 수가 있는가?

문제 2〉

① 통계적 표본수출, 프로세스 분석
② 품질 감사, FTA
③ 품질 비용, 실험계획법
④ 측정, 검사

정 답　③

문제풀이

– 품질계획의 도구는 품질 비용, 즉 예방비용, 평가비용, 내부 및 외부 실패비용과 데이터를 활용한 실험계획법이 있다.

프로젝트 품질향상을 위해서 소프트웨어를 점검하였는데, 너무 많은 결함이 발견되었다. 고객과 프로젝트 관리자는 재 작업을 결정하였고, 개발자는 재작업 후에 다시 소프트웨어를 점검받았다. 여기에 해당되는 것은 무엇인가?

문제 3〉
① 비용-편익 분석
② 품질 비용
③ Inspection
④ Review

정 답　③

문제풀이

- Inspection은 Check List를 활용하여 소프트웨어의 품질을 점검하는 방법으로 해당 점검을 통해서 품질저하가 발생하면 Rework와 ReInspection을 유발한다.

아래의 내용 중에서 Control Chart에 대한 설명이다. 이중에서 관리 상태에 해당되는 것을 선택하시오.

문제 4〉
① 측정값이 관리 한계를 벗어나지 않았다.
② 7개 측정값이 연속적으로 증가하고 있다.
③ 7개 측정값이 연속적으로 내려가고 있다.
④ 측정값이 관리 한계를 벗어났지만, 사향 한계 내에서 유지되고 있다.

정 답　①

분세풀이

- 관리도(Control Chart)는 측정값이 특정 범위 내에서 있는지를 파악할 수 있는 다이어그램이다.

품질담당자는 고객의 기능적 요구사항과 비기능적 요구사항을 종합적으로 검토해서 프로젝트에 맞는 품질표준 및 품질정책을 정의하려고 한다. 아래의 내용 중에서 어떤 문서를 검토해야 하는가?

문제 5〉

① 품질관리 계획서
② 프로젝트 관리 계획서
③ 범위기술서
④ 프로젝트 네트워크 다이어그램

정 답 ③

문제풀이

– 프로젝트에 맞는 품질표준 및 품질정책을 수행하려면 먼저 프로젝트 관리 계획서에서 범위, 자원, 일정, 가정 및 제약사항 등을 파악해야 한다.

품질목표를 달성하기 위해서는 품질활동을 수행해야 한다. 이러한 품질활동에 필요한 비용을 품질 비용이라고 하는데 품질 비용으로 맞는 것은 무엇인가?

문제 6〉

① 성공비용, 접대비용, 실패비용
② 내부비용, 간접비용, 직접비용
③ 평가비용, 예방비용, 실패비용
④ 초기비용, 중간비용, 후기비용

정 답 ③

문제풀이

– 품질 비용은 예방비용, 평가비용, 내부 실패비용, 외부 실패비용이 있다.

데이터 정규 분포에서 전체 데이터 중 평균으로부터 몇 %가 ±1σ 내에 위치하는 것은 무엇인가?

문제 7〉　① 68.3%
　　　　　② 99.9%
　　　　　③ 99.7%
　　　　　④ 95.5%

정 답　　①

문제풀이

- 1σ 는 68.3%이다. 6σ 는 99.99%이다.

아래의 품질 비용 중에서 예방비용으로 틀린 것은 무엇인지 선택하시오.

문제 8〉　① 품질담당자는 품질관련 정책 및 매뉴얼을 만들고 개발자를 교육
　　　　　② 품질관련 표준 매뉴얼을 작성
　　　　　③ 품질관리의 효율성을 높이기 위해서 품질 관리 시스템을 구축
　　　　　④ 프로토타입으로 제품의 기능을 검사

정 답　　④

문제풀이

- 예방비용은 결함을 사전에 예방하기 위해서 발생되는 비용으로 품질관리 정책, 매뉴얼, 품질관리 시스템 구축 등이 있으며 프로토타입은 제품에 대한 평가비용에 해당된다.

소프트웨어 품질을 향상시키기 위해서 프로젝트 내에서 어떤 활동으로 품질검증을 할 것인지 기획하려고 한다. 이러한 기법과 관련이 없는 것을 선택하시오.

문제 9〉
① Inspection
② 비용·편익 분석
③ 실험 계획법
④ BMT 기법

정 답　① ①

– Inspection을 제외하고 나머지는 모두 품질계획의 도구이다.

아래의 품질관리 프로세스 중에서 품질 계획 프로세스의 도구로 올바른 것은 무엇인가?

문제 10〉
① Check List, 프로젝트 문서 갱신, 품질 지표
② 이해 관계자등록부, 조직 프로세스 자산, 기업의 환경 요인
③ 전문가 판단, 프로세스 분석, 품질 감사, 조직 프로세스 자산
④ 흐름도, 통계적 표본추출, 관리도

정 답　④

– 흐름도, 통계적 표본추출, 관리도는 모두 품질 계획 프로세스 도구이다. 본문에서 각 도구의 특징은 반드시 기억해 두어야 한다.

고객 만족을 달성하기 위해서 품질목표를 달성하려고 한다. 아래의 내용 중에서 가장 적합한 것을 선택하시오.

문제 11〉　① 요구사항 준수성, 품질 관리 사용 적합성
　　　　　② 품질 특성 정의, 결함관리
　　　　　③ 독립된 품질조직, 품질관리 방법론, 품질관리 도구 사용
　　　　　④ 형상관리, 변경 통제, PMO
　정 답　　①

– 품질목표로는 요구사항에 대한 준수성, 사용 적합성이 있다.

프로젝트 일정지연으로 인해서 프로젝트 관리자는 초과근무를 지시했다. 초과근무 이후 프로젝트 결함은 증가한 결과가 나타났고, 품질관리자는 초과근무와 결함 수 간의 관계가 있다고 판단했을 때, 아래의 기법 중에서 초과근무와 결합의 수의 상관관계를 파악하기 위한 도구로 가장 적당한 것을 선택하시오.

문제 12〉
　　　　　① 추세 분석, 차이 분석, 흐름도
　　　　　② 산점도, Run chart
　　　　　③ 히스토그램, Pareto chart
　　　　　④ 어골도, 통계적 표본추출
　정 답　　②

– 품질관리 도구 중에서 특정 변수와 다른 변수 간의 상관관계를 파악할 수 있는 도구는 산점도이다.

아래의 내용 중에서 품질통제의 결과물로 틀린 것을 선택하시오.

문제 13〉

① 품질관련 조직 프로세스 자산 업데이트
② 결과물에 대한 합격 여부를 판정
③ 고객이 결과물 인수확인
④ 품질저하를 발생시킨 불량조치 결과 검증

정 답　③

– 품질통제는 결과물에 대한 품질을 제품관점에서 평가하는 것으로 합격 여부를 판정하고 불합격 시에 품질저하를 발생시킨 요인에 대해서 불량조치를 수행할 수 있다.

프로젝트의 일정과 예산에 영향을 발생시키면서 소프트웨어의 완성도를 위해서 변경을 받아들였다면, 어떤 것에 해당되는지 선택하시오.

문제 14〉

① 범위 크립
② 골드 플래팅
③ 브레인스토밍
④ WBS 변경

정 답　②

– 골드 플래팅은 과도하게 고객의 요구사항을 받아 프로젝트의 성과에 악영향을 주는 활동이다.

생산 시스템 재고율을 관리하는 JIT(Just In Time)의 재고율은 (   )%이다.

문제 15〉

① 0%
② 25%
③ 50%
④ 100%

정 답   ①

문제풀이

– JIT는 생산관리 시스템에서 무재고율(0%)을 실현하기 위한 방법이다.

프로젝트 품질관리에서 궁극적으로 품질관리 책임은 누구에게 있는지 선택하시오.

문제 16〉

① 프로젝트 관리자
② 개발자
③ 품질 관리자
④ 스폰서

정 답   ①

문제풀이

– 프로젝트 품질관리에 대한 궁극적인 책임은 프로젝트 관리자에게 있고, 작업자가 만든 산출물에 대한 품질책임은 해당 작업자 (팀원)에게 존재한다.

프로젝트 성과를 관리하고 있는지 관리하지 않는지를 파악하기 위한 도구로 적당한 것을 선택하시오.

문제 17〉
① 관리도
② 런 차트
③ 히스토그램
④ 파레토도

정 답 ①

문제풀이

– 관리도는 프로젝트 품질관리를 위해서 사양 임계 상한값과 사양 임계 하한값을 설정하고 품질이 관리되고 있는지 없는지를 파악할 수 있는 정량적 다이어그램이다.

아래의 내용 중에서 품질관리 프로세스에 해당되지 않는 것을 선택하시오.

문제 18〉
① 표준
② 보증
③ 기획
④ 통제

정 답 ①

문제풀이

– 품질관리 프로세스는 품질계획, 품질보증, 품질 통제 프로세스이다.

아래의 내용 중에서 품질목표를 달성하기 위해서 프로젝트 인수기준을 확인하려고 할 때 무엇을 검토해야 하는지 선택하시오.

문제 19〉

① 범위기술서
② 품질관리 계획서
③ 프로젝트 헌장
④ 프로젝트 진행 중 고객과 회의자료

정 답　　①

문제풀이

– 프로젝트 인수기준을 확인하기 위해서는 범위기술서를 확인해야 한다. 범위기술서는 고객과 합의된 인수기준을 확인할 수 있다.

공공 프로젝트에서 우발적으로 변경이 많이 발생하고 있다. 이러한 문제를 해결하기 위해서 프로젝트 관리자는 아래의 내용 중에서 어떤 방법을 수행해야 하는지 선택하시오.

문제 20〉

① 샘플링 검사를 실시한다.
② 공정관리 수준을 높인다.
③ 검사 횟수를 늘린다.
④ 품질 전문가를 양성한다.

정 답　　②

문제풀이

– 고객으로부터의 우발적인 변경이 많다면, 위의 지문 중에서 공정관리 수준을 높여야 한다.

Agile Process 기반으로 소프트웨어를 테스트 중에 심각한 결함이 발견되었다. 프로젝트 관리자는 품질관리자에게 결함의 원인과 해결책을 분석해서 보고하라고 지시했다. 이러한 경우에 가장 올바른 품질도구는 무엇인지 선택하시오.

문제 21〉

① Pareto chart
② Fishbone diagram
③ Deming cycle
④ FMEA(Failure Mode and Effect Analysis)

정 답　②

– 어떤 결함의 원인과 분석을 위해서 사용할 수 있는 도구는 오골도 = 피쉬본 다이어그램이다. 이것은 원인을 체계적으로 분석할 수 있는 장점을 가진다.

금융 프로젝트에서 프로젝트 착수 프로세스를 단계마다 수행하는 이유로 가장 올바른 것을 선택하시오.

문제 22〉

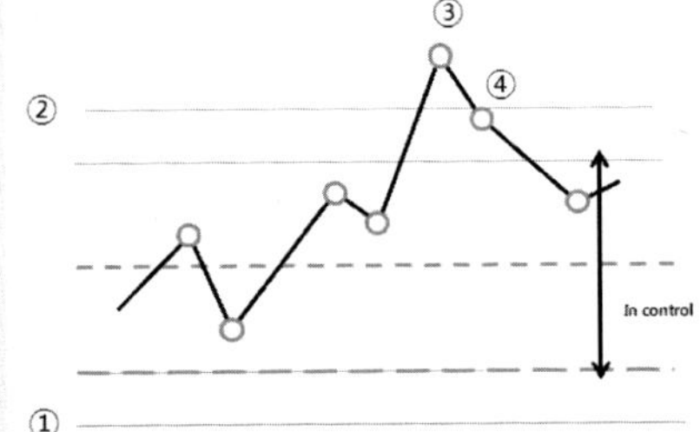

① UCI 중심선으로부터 50 떨어져 있다.
② LSL 중심선으로부터 -70 떨어져 있다.
③ Assignable cause, 사양을 벗어난 제품이 생산되었으므로 불량이다.
④ Out of control, 관리 한계선을 벗어났으나 정상상태이다.

정 답　③

– 위의 다이어그램은 관리도의 예이고 관리도에서 3번은 제품 사양 한계를 벗어난 것을 의미한다.

프로젝트 관리자는 SPI를 측정해서 프로젝트를 관리하고 있다. SPI의 허용 한계를 0.9로 설정했다. SPI가 0.9 이하로 떨어지지 않게 관리할 경우 아래의 품질도구 중에서 가장 적당한 것을 선택하시오.

문제 23〉
① 산점도
② 관리도
③ 파레토도
④ 히스토다이어그램

정 답　②

문제풀이

- 허용 한계치를 관리하기 위한 가장 좋은 도구는 관리도이다. 관리도는 설정된 한계치를 관리할 수 있는 장점을 가진다.

외부 품질 전문가들이 당사의 품질관리 절차, 규제, 표준 준수여부를 확인하는 활동에 해당되는 것을 선택하시오.

문제 24〉
① 품질보증
② TQM 활동
③ 품질 통제
④ 품질 검사

정 답　①

문제풀이

- 프로세스 측면에서 품질관리를 수행하는 것은 품질보증 활동이다. 품질보증은 품질관리 절차, 표준, 규제 준수 여부를 확인하는 활동을 수행한다. 품질통제는 제품측면에서 제품의 품질을 검사하는 활동이다.

초기 계획과 설계에 맞게 소프트웨어의 개발 여부를 확인하는 활동은 무엇인지 선택하시오.

문제 25〉　① 품질 계획 수립
② 품질통제
③ 품질보증
④ 품질심사

정 답　① ①

– 초기 계획과 설계에 맞는 소프트웨어 개발 여부는 품질계획 활동이다.

STEP 7

프로젝트 인적자원 관리

1. 프로젝트 인적자원 관리(Project Human Resource Management) 개요

프로젝트팀을 조직하고 관리하는 프로세스 및 활동

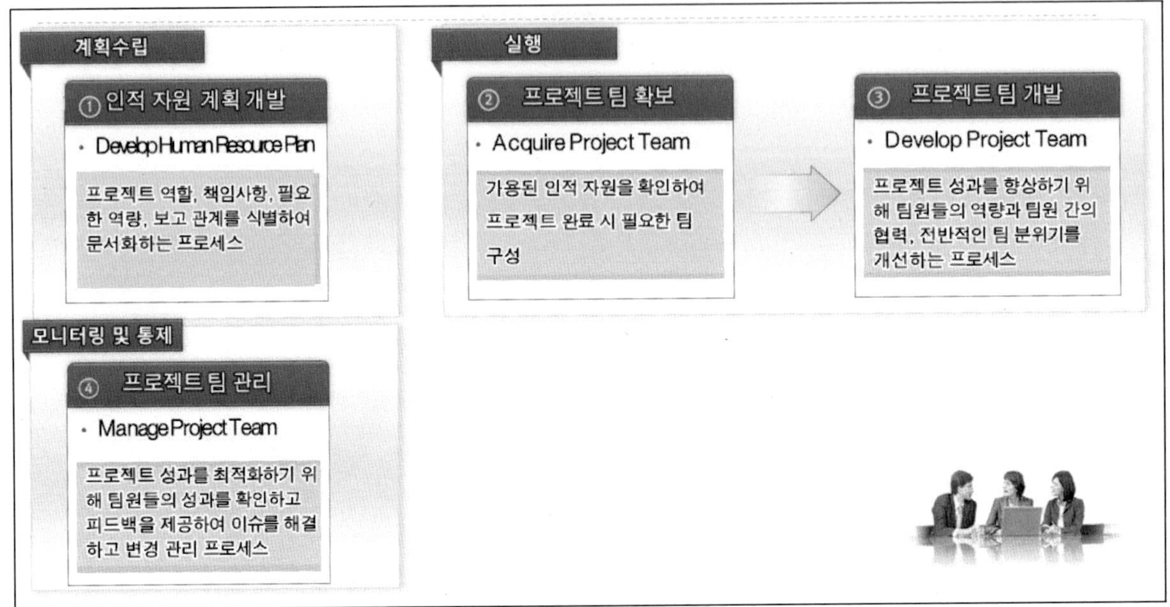

2. 인적자원 계획 개발(Develop Human Resource Plan)

프로젝트 역할, 책임사항, 필요한 역량, 보고 관계를 식별하여 문서화하는 프로세스

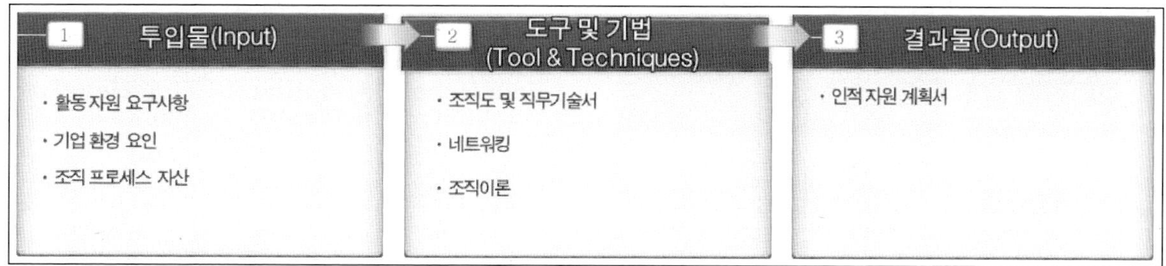

2.1 인적자원계획개발의 주요 내용

(1) 투입물(Input)

① **활동 자원 요구사항**

② **기업 환경 요인**: 조직의 문화와 구조, 인사관리 정책, 시장상황 등

③ **조직 프로세스 자산**: 조직의 표준 프로세스 및 정책, 표준화된 역할 기술서, 조직도 등

(2) 도구 및 기법(Tool&Techniques)

① **조직도 및 직무기술서**

- 프로젝트팀원의 역할과 책임을 기술하기 위한 체계적인 문서

- 계층형, 매트릭스형, 텍스트형 등

② **네트워킹**: 조직 및 산업 환경에서 다른 사람들과 주고받는 공식적 비공식적인 활동

③ **조직이론**: 사람 및 팀 조직 단위가 어떤 방식으로 행동하는가에 관련된 이론

(3) 결과물(Output)

- **인적자원 계획서**: 역할과 책임사항, 프로젝트 조직도, 직원 관리 계획 등을 포함한 문서

2.2 프로젝트 조직형태

조직 형태별로 프로젝트를 수행하는 형태는 다양하며 각각의 장단점을 가짐

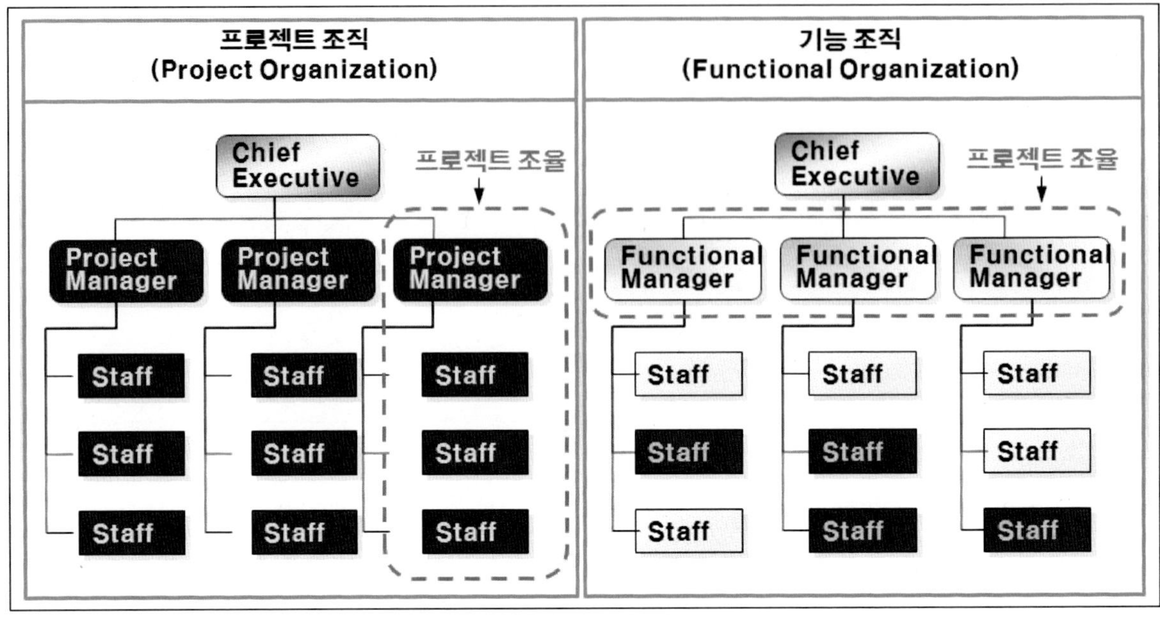

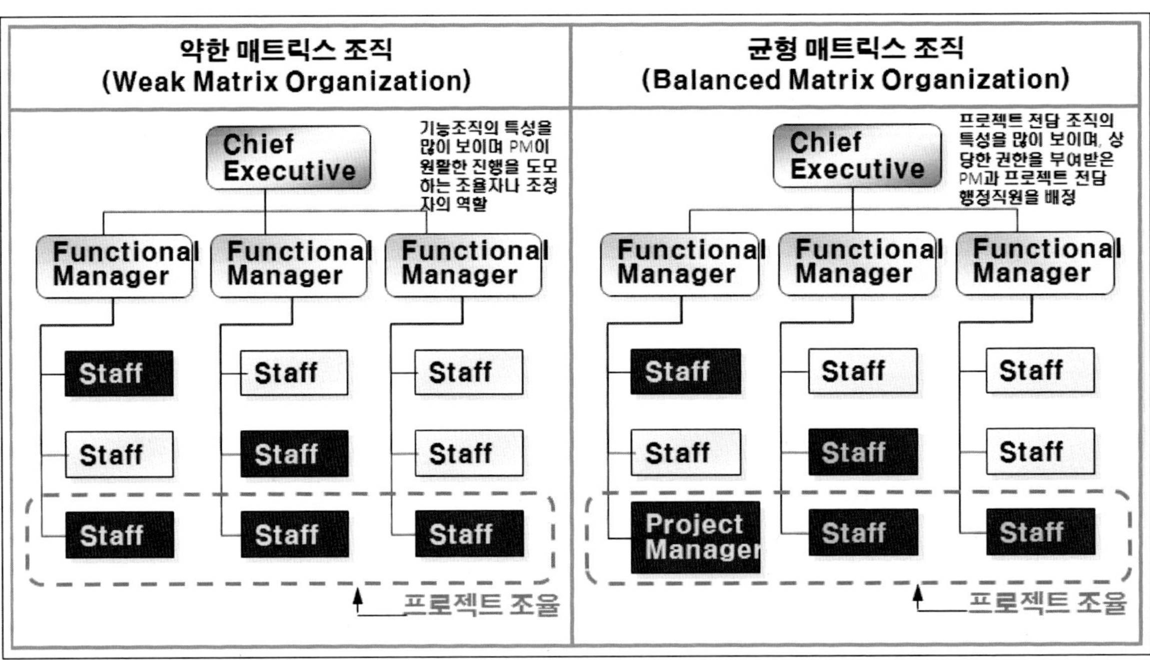

2.3 프로젝트팀 유형

à 민주적 팀과 수석 엔지니어 팀의 중간 위치를 차지하는 혼합형 조직을 계층형 팀이라고 함

3. 프로젝트팀 확보(Acquire Project Team)

가용된 인적자원을 확인하여 프로젝트 완료 시 필요한 팀 구성

조직 형태	장점	단점
기능 조직 (Functional)	-가장 보편적인 조직, 안정적 -간편한 보고 계통(결재의 편의) -전문가 집단의 관리 용이	-기능 또는 분야 업무에 치중 -업무우선순위 결정의 타당성부족 -자원 부족 시 혼란 -PM경험의 축적 미흡
매트릭스 조직 (Matrix)	-명확한 프로젝트의 목표(PM제시) -효과적인 자원 관리 -기능 조직의 지원 -자원의 활용 극대화 가능 -원활한 협조 체계 -정보의 원활한 흐름 -프로젝트 종료후 인적자원 재배치	-관리인원 중복으로 인한 경제성 -One Man - Two(Multi) Bosses -복잡성: 통제, 긴급조치의 어려움 -자원 배분 시 문제점 잠재 -철저한 운영 절차 필요 -일의 우선순위 對 한정된 자원
프로젝트 조직 (Projectized)	-프로젝트 관리면에서의 효율성 -프로젝트의 집착 -높은 커뮤니케이션 효율	-프로젝트 종료 후의 인적자원 문제 -기능의 전문성 결여 -비효율적인 자원과 중복 설비

형태	민주적인 팀	수석 엔지니어 팀 (책임 프로그래머 팀)
특징	-민주적 팀은 와인버거(Weinberg)에 의해 "비이기적인 팀(egoless team)"으로 최초로 제안 -민주적 팀에서는 목표가 그룹의 여론에 따라 설정되고 판단. 그룹 지도층은 수행될 업무와 팀원의 자질에 따라 인원을 교체하며, 생산 제품은 공개적으로 토의되며, 모든 팀원들에 의해 자유롭게 조사됨 -팀원 중 한명이 팀 리더로 선정되며 팀 리더의 역할은 코디네이터 이상임. 민주적 팀에서 팀 리더는 자신의 시간의 일부를 다음에 할애 -민주적 팀 구조는 혼합 그룹 또는 주로 선임 개발자들로 구성된 그룹에는 적절하지 않음 -어렵고 장기간 동안 조사하고 개발해야 하는 프로젝트에 적합	-민주적 팀과 대조하여 볼 때, 수석 엔지니어 팀은 고도로 구조화 되어 있음 -수석 엔지니어 팀은 개발팀의 리더십이 명확하고 팀 리더는 코디네이터와 기술적 지도자의 역할을 모두 담당 -복잡한 프로젝트의 경우에는 팀 리더가 자신의 시간의 50 퍼센트 이상을 기술 작업과 관리 작업에 할애할 수도 있음
장점	-각 팀원늘이 빈번에 공헌하는 기회와 팀원들이 서로서로 배우고 익히며, 공개된 작업 환경에서 자신의 작업에 만족감을 가짐	-결정이 집중화되어 있고, 의사진달 경로가 짧아짐(수석 엔지니어 팀의 효과는 수석 엔지니어의 기술적이고 관리적인 능력에 매우 민감)
단점	-결론에 이르는 데 불필요하게 많은 의사 교환을 해야 하며, 모든 요원이 함께 일해야 한다는 조건과 개인적인 책임 및 권한이 약화될 수 있음	-팀원과 팀 리더 간에 마찰 가능성 -수석 엔지니어 팀 구조는 하위팀 구성원 사이에 사기가 저하되는 결과를 가져올 수 있음

3.1 프로젝트팀 확보의 주요 내용

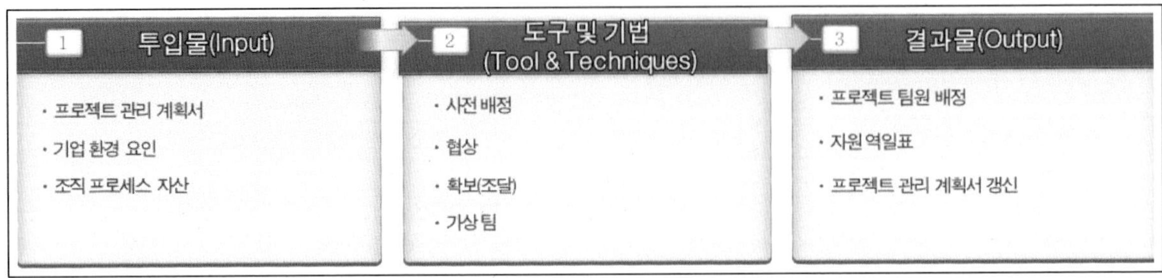

(1) 투입물(Input)

① **프로젝트 관리 계획서**

② **기업 환경 요인**

③ **조직 프로세스 자산**

(2) 도구 및 기법(Tool & Techniques)

① **사전배정**: 특정인 배정을 약속하거나 프로젝트가 특정 전문가의 기술력에 의존한 경우 등 미리
선정

② **협상**: 인력 파견에 대한 권한을 가진 기능 부서 관리자나 타 프로젝트 관리자와 협상을 통해
인력을 확보

③ **확보(조달)**: 수행조직의 내부에서 인력을 구하기 어렵다면 외부에서 필요인력을 확보

④ **가상팀**: 직접 대면하는 일이 적거나 팀원들이 지리적으로 분산되어 있을 경우 등 활용

(3) 결과물(Output)

① **프로젝트팀원 배정**

② **자원 역일표**: 각 프로젝트팀원이 프로젝트에서 작업할 수 있는 기간을 기록한 문서

③ **프로젝트 관리 계획서 갱신**

3.2 RAM(책임배정)

(1) 개념

－Responsibility Assignment Matrix, 인정자원 계획 수립 시 수행해야 하는 작업과 프로젝트팀원 사이
의 연결(참여자들에 대한 보상 수준 정보 없음)

(2) 작성목적

－ 프로젝트와 관련된 역할과 책임을 문서화하여 보다 효과적인 의사소통 계획

－ RACI 형식사용: Responsible(책임), Accountable(담당), Consult(자문), Inform(정보제공)

RACI 도표	사람				
활동	Ann	Ben	Carlos	Dina	Ed
정의	A	R	I	I	I
설계	I	A	R	C	C
개발	I	A	R	C	C
테스트	A	I	I	R	I

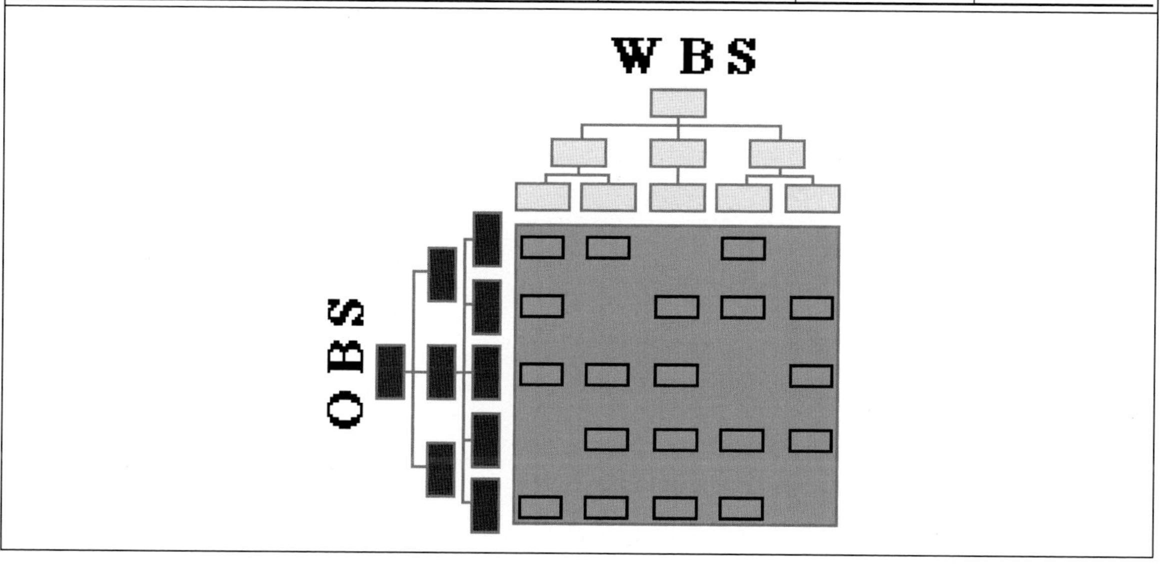

4. 프로젝트팀 개발(Develop Project Team)

프로젝트 성과를 향상하기 위해 팀원들의 역량과 팀원 간의 협력, 전반적인 팀 분위기를 개선하는
프로세스

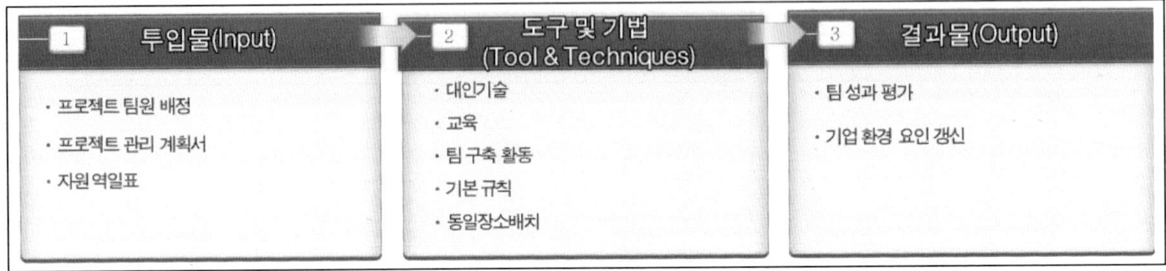

4.1 프로젝트팀 개발주요 내용

(1) 투입물(Input)

① **프로젝트팀원 배정**

② **프로젝트 관리 계획서**

③ **자원역일표**

(2) 도구 및 기법(Tool & Techniques)

① **대인기술**: 소프트 기술이라고도 하며, 공감대, 영향력, 창의력, 결속력 등을 조성하는 것

② **교육**: 프로젝트팀원의 역량을 높이기 위해 고안된 공식적 또는 비공식적인 모든 활동

③ **팀 구축 활동**: 팀 개발 5단계 개발 이론

④ **기본 규칙**: 프로젝트팀원들이 프로젝트 수행 도중 지켜야 할 행동에 대해 서로 준수하기로 합의
　　　　　 한 규범

⑤ **동일장소 배치**: 팀원들을 모두 한자리에 모여 함께 일하도록 하는 것

⑥ 인정 및 보상: 팀 개발 프로세스의 일환으로 모범적 행동을 인정하고 보상하는 체제 마련

(3) 결과물(Output)

① **팀 성과 평가**: 프로젝트팀의 효율에 대한 공식적 또는 비공식적으로 평가를 수행

② **기업 환경요인 갱신**

4.2 팀 개발 5단계

(1) 1단계: 오리엔테이션(형성기)

① 의미

- 구성원들의 잠정적인 상호작용, 긴장, 애매성에 대한 우려, 상호의존의 증가, 상황의 성격을 확인하려는 시도

② 주요과정

- 구성원들 상호 간의 친숙성과 집단에 대한 친숙성의 증가
- 의존성과 포함에 관한 쟁점화
- 리더의 수용과 집단 합의

③ 특징

- 잠정적이고 예의 바른 의사사통 애매성과 집단 목표에 대한 우려
- 적극적 리더
- 불평하는 성원들

(2) 2단계: 갈등(격동기)

① 의미

- 구성원들은 집단에 대한 불만족을 표현하고, 감정적인 발언을 하고, 서로를 비판하고, 동맹을 형성한다.

② 주요과정

- 절차에 관한 의견 불일치, 불만족의 표현
- 구성원들 간의 긴장
- 리더와의 대립

③ 특징

- 아이디어에 대한 비평
- 저조한 출석률
- 증오심
- 양극화와 동맹 형성

(3) 3단계: 구조화(규범기)

① 의미

- 단결력이 증가하고, 소속감이 안정되고, 구성원들의 만족감 표시가 증가하고, 집단의 내부 역동이 증강된다
② 주요과정
- 응집력과 일체성이 커짐, 역할, 기준 및 관계의 확립
- 신뢰와 의사소통의 증가
③ 특징
- 절차에 대한 의견 일치
- 역할 애매성 감소
- "우리" 의식의 증가

(4) 4단계: 작업(수행기)
① 의미
- 초점이 과제의 수행과 목표달성으로 옮겨간다.
- 모든 집단이 이 단계에 이르는 것은 아니다. 그 때문에 고도로 응집력이 높은 집단이라고 하더라도 생산적이지 못할 수 있다.
② 주요과정
- 목표 성취, 과제 지향성의 제고
- 수행과 생산의 강조
③ 특징
- 의사결정, 문제 해결
- 상호협동

(5) 5단계: 해체(휴지기)
① 의미
- 집단이 흩어진다. 집단이 해체 단계에 들어가는 것은 계획된 것이거나 임의적인 것일 수 있다.
- 그런데 계획된 해체라고 하더라도 구성원들이 집단에의 의존성을 낮추려고 할 때에 문제들을 야기시킬 수가 있다.
② 주요과정
- 역할 종료, 과제 완료
- 의존성 감소

③ 특징

- 해체와 철수

- 독립성과 정서성의 증가

단계	의미	주요과정	특징
오리엔테이션(형성기)	구성원들의 잠정적인 상호작용, 긴장, 애매성에대한 우려, 상호의존의 증가, 상황의 성격을 확인하려는 시도	· 구성원들 상호 간의 친숙성과 집단에 대한 친숙성의 증가 · 의존성과 포함에 관한 쟁점화 · 리더의 수용과 집단 합의	잠정적이고 예의 바른 의사사통 애매성과 집단목표에 대한 우려 적극적 리더 불평하는 성원들
갈등(격동기)	구성원들은 집단에 대한 불만족을 표현하고, 감정적인 발언을 하고, 서로를 비판하고, 동맹을 형성한다.	· 절차에 관한 의견 불일치, 불만족의 표현 · 구성원들 간의 긴장 · 리더와의 대립	아이디어에 대한 비평 저조한 출석률 증오심 양극화와 동맹 형성
구조화(규범기)	단결력이 증가하고, 소속감이 안정되고, 구성원들의 만족감 표시가 증가하고, 집단의 내부 역동이 증가된다.	· 응집력과 일체성이 커짐, 역할, 기준 및 관계의 확립 · 신뢰와 의사소통의 증가	절차에 대한 의견 일치 역할 애매성 감소 “우리” 의식의 증가
작업(수행기)	초점이 과제의 수행과 목표달성으로 옮겨간다. 모든 집단이 이 단계에 이르는 것은 아니다. 그 때문에 고도로 응집력이 높은 집단이라고 하더라도 생산적이지 못할 수 있다.	· 목표 성취, 과제 지향성의 제고 · 수행과 생산의 강조	의사결정, 문제 해결 상호협동
해체(휴지기)	집단이 흩어진다. 집단이 해체 단계에 들어가는 것은 계획된 것이거나 임의적인 것일 수 있다. 그런데 계획된 해체라고 하더라도 구성원들이 집단에의 의존성을 낮추려고 할 때에 문제들을 야기시킬 수 가 잇다.	· 역할 종료, 과제 완료 · 의존성 감서	해체와 철수, 독립성과 정서성의 증가

4.3 팀 빌딩 활동

(1) 개념
  - 프로젝트 전반에 걸쳐 수행, 초반에 수행 시에 효과가 큼
  - 필수 규칙을 프로젝트 초기에 정의, 공감대 형성하는 것도 효과적

(2) 주요도구
① **Kick – Off: 최초의 공식적인 팀 빌딩 활동**
  - 의사소통 채널과 작업관계 수립
  - 개인과 그룹의 Commitment 확보
  - 프로젝트 계획과 최신 상황의 검토
  - 프로젝트 문제영역의 식별
  - 개인과 그룹의 책임과 역할 수립 및 검토
  - 개인과 그룹의 Commitment 확보
② **팀 빌딩이 필요한 징후**
  - 팀 내에 과다한 작업이 될 때
  - 팀원의 미팅이 빈번할 경우
  - 팀 성과가 낮아지나 원인을 모르는 경우
  - 의사결정된 내용이 실행되지 않을 경우
  - 목표가 불명확하거나 팀원에서 수용되지 않을 경우
  - 팀 리더가 갑작스러운 문제에 부딪히게 갈등이 발생하고 사기를 저하시킬 때
  - 팀 멤버들이 책임을 회피하고 필요한 협조를 하지 않을 경우
  - 필요한 갈등이 회피될 때

1. 참석범위
－발주측 프로젝트 참여자 전원
－사용자그룹
－용역업체 프로젝트 팀원 전원
－품질보증담당자, 형상관리담당자
－개발관리부서
－시스템도입부서
－상위관리자 및 경영층 등

2. 점검항목
－프로젝트 목표와 목적확인 및 공감대 형성
－프로젝트추진계획의 적절성 검토 및 확인(업무범위, 수행일정, 공식산출물, 팀구성 체계 및 의사소통체계, 개인과 그룹의 책
　임과 역할, 인력투입, 개발방법론, 프로젝트관리방법 및 도구, 품질보증 및 형상관리 계획, 일괄용역인 경우는 프로젝트인수
　기준 등)
－프로젝트 내외부 관련 그룹 간의 의사소통 채널수립
－프로젝트위험(risk)요소도출 및 위험등급 설정
－고객요구사항확인 및 추가식별
－프로젝트 핵심성공 요소파악
－개인과 그룹의 책임 및 역할에 따른 commitment 확보

3. 점검방법
점검항목별 관련 자료를 작성하여 회의 참석자 전원이 인지 및 공유할 수 있도록 하며, 경영층/관련 팀의 지원요청사항 등을
검토하고 관련된 문제점 및 해결방안을 토의

4. 후속조치
프로젝트 관리자는 검토결과에 대해 프로젝트추진계획에 반영
회의에 참석한 관련 팀은 회의 시 토의된 현안들을 해결 및 지원하기 위한 적절한 실행계획을 수립

☕ Column   Kick off 회의 수행 지침

5. 프로젝트팀 관리(Manage Project Team)

5.1 프로젝트팀 관리주요 내용

프로젝트 성과를 최적화하기 위해 팀원들의 성과를 확인하고 피드백을 제공하여 이슈를 해결하고 변경 관리 프로세스

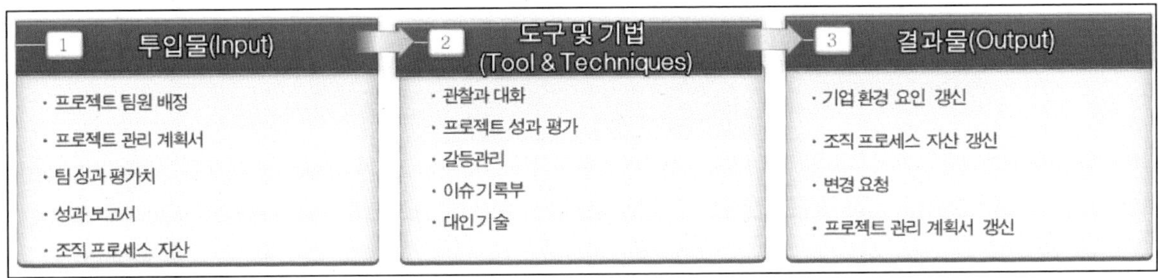

(1) 투입물(Input)

① **프로젝트팀원 배정**

② **프로젝트 관리 계획서**

③ **팀 성과 평가치**

④ **성과보고서**

⑤ **조직 프로세스 자산**

(2) 도구 및 기법(Tool&Techniques)

① **관찰과 대화**

② **프로젝트 성과 평가**: 프로젝트 기간, 복잡성, 조직 정책, 근로 계약 요건, 정기적인 의사소통의 양과 수준

③ **갈등관리**: 팀 행동 규범 정의, 의사소통계획 수립, 역할정의로 갈등 해소 관리

④ **이슈 기록부**: 목표일까지 특정 이슈를 해결할 책임자를 명시하고 진행을 감시하는 데 유용

⑤ **대인 기술**: 프로젝트 관리자는 리더십, 영향력 행사, 효과적인 의사결정 등을 통해 상황을 분석하고 팀원과 교류한다.

(3) 결과물(Output)

① **기업 환경 요인 갱신**: 조직 성과 평가에 사용될 투입물, 대인 기술 갱신
② **조직 프로세스 자산 갱신**: 선례정보 및 교훈 기록 문서, 템플릿, 조직의 표준 프로세스 등
③ **변경요청**
④ **프로젝트 관리 계획서 갱신**

5.2 갈등관리(Conflict Management)

조직 간 상호작용의 결과로 발생하는 갈등은 피할 수 없으며 어느 정도의 갈등은 조직에 이로울 수 있음

(1) 갈등 유발요인

구분	Conceptual	Planning	Implementation	Close-out
단계별 주요 업무	- 목표설정 - 범위확정 - 공식적 권한체계 - Teaming	- WBS - 목표 설정 - Make/Buy 결정 - 정보통제시스템	- 계약관리 - 문제식별 - 재계획 - 목표수정 - 상황의 유지	- 운영 및 문제해결 - 평가 및 보상 - 인원재조정
주요 갈등 순위	① 프로젝트 우선순위 ② 관리 절차 ③ 일정 ④ 인력 ⑤ 원가 ⑥ 기술적 옵션 ⑦ 대인관계	① 프로젝트 우선순위 ② 일정 ③ 관리 절차 ④ 기술적 옵션 ⑤ 인력 ⑥ 원가 ⑦ 대인관계	① 일정 ② 기술적 옵션 ③ 인력 ④ 프로젝트 우선순위 ⑤ 관리 절차 ⑥ 원가 ⑦ 대인관계	① 일정 ② 인력 ③ 대인관계 ④ 프로젝트 우선순위 ⑤ 원가 ⑥ 기술적 옵션 ⑦ 관리 절차

- 진행단계와 관계없이 갈등을 가장 많이 유발하는 요인은 "일정"임

(2) 갈등유형

구분	내 용	기 능
과업갈등	- 수행과업 내용, 목표와 관련	낮은 수준: 순기능 높은 수준: 역기능(역할 모호성 à 역기능)
대인관계 갈등	- 조직원 간의 대인관계	거의 역기능
과정갈등	- 작업 수행 방법, 프로세스	낮은 수준: 순기능 높은 수준: 역기능

① 강제(Forcing)

- 어느 한 입장을 강요하는 것
- 긴급하게 결정해야 하는 경우
- 인기 없는 주요정책 집행, 옳다고 믿는 안건 집행

② 문제해결(Problem Solving)

- Win-win. 가장 좋은 방법, 매우 중요한 통합된 의견을 도출할 때
- 공감대를 형성하여 지속적인 관계를 유지할 필요가 있을 때

③ 타협, 절충, 중재(Compromising)

- Lose-lose. 두 번째로 좋은 방법임
- 갈등이 명확하고 구체적인 경우 효과적. 지속적인 갈등 발생시 효과적이지 않다.
- 프로젝트 초기에는 효과적, 배타적 집단이 비슷한 파워일 때
- 복잡한 문제에 대한 잠정적 해결책 도출할 때

④ 완화, 상대의견 수용(Smoothing)

- 의견의 차이보다는 합의점 도출을 강조하는 것으로 잠정적인 해결방안
- 자기 의견이 틀렸다고 느끼고 합리성이 있다는 걸 보여줄 때
- 나중을 위해 신용을 얻고자 할 때
- 다른 그룹에 중요한 사안일 때, 조화와 안정이 중요할 때

⑤ 후퇴, 회피(Withdrawing, Avoiding)

- Lose-lose
- 의견 관철 가능성이 낮을 때, 분위기를 식히기 위해, 추가정보 수집이 필요, 그 이슈가 다른 이슈의 징후라고 보일 때
- 다른 그룹이 효과적으로 문제를 풀 수 있을 때

5.3 프로젝트 관리자 파워

구분	내용	설명
역할(지위)이 부여하는 파워	Formal power	권위와 같은 공식적인 지위로부터 나오는 파워 = Legitimate
	Penalty power	팀원에게 불이익을 줄 수 있는 권한을 통해 팀 통제
	Reward power	승진, 급여 인상 등 보상을 기대하게 하여 통솔
개인 고유의 파워 (Personal power)	Referent power	성품이나 인력, 존경에서 발생하는 파워
	Expert power	PM의 업종 및 기술 전문성에서 발생

5.4 동기부여 이론

구분	내용
McGregor의 X이론, Y이론	X 이론: 피동적 인간형, 통제, 명령, 상벌 필요, 책임회피, 안전제일주의 ex) 급여인상 Y 이론: 목표를 향해 전력 ex)목표에 의한 관리
Maslow's theory (욕구 5단계)	하위 욕구가 충족되어야 상위 욕구 추구한다 – 자기실현(self–actualization): 자아충실, 성장, 학습, 만족 등 – 자아(Esteem): 성취, 존경, 주목, 감사 – 사회(Social): 소속, 사랑, 우정, 가족, Affection 등 – 안전(Safety): 안정, 안전, 보장감 등 – 생리(Physiological): 의식주, 수면 욕구 등
Herzberg's Two factor theory	만족의 반대는 '만족하지 않은 상태', 불만족이 아니다 불만 야기 요인을 제거하여도 동기 부여되지는 않는다 – 위생요인(hygiene factor): 불만을 야기하는 요인 – 동기요인(motivator): 만족을 유발하는 요인
맥클러랜드의 세가지 욕구 이론	동기유발에 관여하는 욕구에 크게 세 가지가 있다는 제안(사람마다 요인이 다름) 1) 성취욕구(achievement need; nAch): 탁월해지고자 하는 욕망, 평균을 초과한 결과를 내고 싶어하는 것, 성공의 욕구 2) 권력욕구(power need; nPow): 타인의 행동에 영향을 미쳐 변화를 일으키고 싶어하는 욕구 3) 제휴욕구(affiliation need; nAff): 개인적 친밀함과 우정에 대한 욕구
기대이론 (Expectancy theory)	– 동기부여와 직무 만족을 별개로 인식 – 보상을 기대하고, 보상이 실제 기대수준과 같으면 더욱 만족하여 동기가 높아진다 – 개인이 동기부여를 받기 위한 조건 1) 개인이 노력하면 해당 업무를 성공적으로 수행할 수 있어야 한다 2) 성공적으로 수행 시 보상을 받을 수 있다고 믿어야 한다 3) 그러한 보상이 개인에게 의미가 있어야 한다

공정성 이론
(Equaity theory)
	팀원은 투입했던 노력과 조직에서 받은 보상의 공정성을 평가함
	– 배분적 공정성: 조직 자원의 배분에 대한 공정성
	  (급여가 공정하게 배분?)
	– 과정적 공정성: 조직 의사결정 과정의 공정성
	  (급여 수준 결정에 대한 과정이 공정한가?)
	– 관계적 공정성: 인간적인 대우를 포함한 공정성
	  (급여 통지 방식이 공정한가?)

 PMP 임호진

프로젝트 인적자원 관리 영역에서는 필요한 인력의 투입을 계획하고 동기를 부여하여 일을 잘할 수 있도록 하며, 갈등 발생을 감지하고 해결 전략에 의하여 관리하는 등의 프로젝트의 가장 큰 자산이 IT프로젝트 인력에 관한 내용을 담고 있다. 본 교재에서는 프로젝트 조직 유형을 이 단원에 포함시켰으며, 일반적인 조직의 형태인 기능조직부터 PM원 권한이 가장 막강하고 프로젝트 수행에 가장 적합하지만 조직적인 불합리가 많은 프로젝트 조직 그 중간 형태인 매트릭스 조직 등을 다루었다. 이미 기출문제에서 조직의 형태에 관련한 문제를 다루었지만, 중요한 분야가 아닐 수 없다. 또한 갈등 발생 시 해결 전략별 특징과 적용 상황 등을 수직하고 있어야 한다.

또한 인적자원이 동일한 환경에서 일을 잘할 수 있도록 동기부여를 할 수 있는 이론들을 숙지해야 한다. 아직 출제되지 않은 Maslow's theory(욕구 5단계), 기대이론 등이 추가로 출제될 가능성이 높다. 5단계 욕구란 인간이 추구하는 욕구는 5단계를 가지며, 항상 하위 욕구가 충족되어야만 상위 욕구를 추구한다는 이론이다. 즉 현재 구성원의 충족 욕구를 파악한 후 보상을 세워야만 동기 유발 효과가 커진다는 것이다.

 용어사전

① **Content theory(동기부여이론)**
- 팀원들이 어떠한 요인으로 동기부여를 받는가
- Maslow 이론: 하위욕구가 충족될 때 상위욕구가 생겨난다는 욕구 5단계 이론
- Herzberg 이론: 만족의 반대는 불만족이 아닌 만족하지 않은 상태로 보며, 프로젝트팀원의 불만을 야기시키는 요인과 팀원을 만족시키는 요인은 다르다고 해석(위생요인-hygiene factor, 동기요인-motivator)

② **Process theory(동기부여이론)**
- 팀원들이 어떠한 과정을 거쳐 동기부여를 받는가
- Expectancy 이론: Porter-Lawler 모델이라고도 하며, 동기부여와 직무만족을 분리하여 인식

③ **PM의 권한(Power of PM)**
- PM의 Power란 PM이 원하는 방향으로 팀원을 움직일 수 있는 능력을 의미
- Position Power: Formal, Penalty, Reward Power
- Personal Power: Referent, Expert Power

④ **조직계획수립(Organizational Planning)**
- 업무수행에 필요한 책임과 역할, 보고체계를 식별하고 문서화하는 활동

⑤ **인력확보(Staff Acquisition)**
- 프로젝트 수행에 필요한 업무 및 기술 지식을 갖춘 인원들을 확보하는 프로세스
- 매트릭스 조직에서는 기능부서장, 프로젝트 관리자의 역할이 중요

⑥ **팀 개발(Team Development)**
- 개인/팀(stakeholder)으로서 프로젝트에 공헌하는 능력을 향상시키는 활동을 의미

문제 1〉	프로젝트 진행 초기에 투입 인력의 경험부족으로 인하여 프로젝트 관리자는 투입인력에 대해서 역할과 책임을 분명히 하고 투입 인력의 작업결과를 직접보고 받고, 중요한 의사결정이 있을 때 프로젝트 관리자에게 보고하라고 했다. 이와 같은 프로젝트 관리자의 리더십이 무엇인지 선택하시오. ① 지시형 ② 지도형 ③ 참여형 ④ 위임형
정 답	①

문제풀이

– 위의 시나리오는 프로젝트팀원의 경험 부족으로 인해서 프로젝트 수행에 대부분을 통제하고 관리하는 방법으로 지시형 리더십에 해당된다.

문제 2〉	프로젝트 출근 시간이 9시로 설정되었는데 매일 홍길동군은 10시에 출근한다. McGregor의 XY이론에 의하면 홍길동군은 어떻게 관리해야 하는지 선택하시오. ① 매일 출근 시간을 PL(Project Leader)에게 체크하게 하고 지각에 따른 성과급을 차등 지불한다. ② 팀원 면담을 통해서 개선하도록 권고한다. ③ 팀원에게 자율적으로 개선하도록 유도한다. ④ 정시출근이라는 목표를 설정하고 달성하면 보상한다.
정 답	①

문제풀이

– McGregor의 XY이론은 관리, 통제, 명령이다. 즉, 직원을 체크하고 통제를 수행한다.

프로젝트 후반에 중요한 요구사항의 발생으로 인하여 초과근무를 지시했다. 이중에 홍길동군은 초과근무를 거부하였을 때, 이러한 상황에서 가장 올바른 갈등관리 전략을 선택하시오.

문제 3〉
① 타협
② 강제
③ 완화
④ 문제 해결

정 답　④

– PMBOK에서 가장 권고하는 갈등해결 전략은 Win–Win을 유발하는 문제 해결 전략이다.

프로젝트 범위를 확정하고 각 작업 패키지별로 조직(인력)을 할당하고 책임과 역할을 분명히 했다. 이러한 활동의 산출물은 무엇인가?

문제 4〉
① RBS
② WBS
③ RAM
④ PDCA

정 답　③

– WBS는 Work Package 단위로 작업을 분해하고 해당 작업을 OBS의 조직과 매핑하여 책임과 역할을 부여한 것이 RAM이다.

두 개의 팀이 서로 다른 목표를 가지고 있고 현재 두 팀간의 의견 충돌이 발생하고 있다. 이러한 경우 합의점을 찾기 위한 갈등 해결전략이 무엇인지 선택하시오.

문제 5〉
① 대면
② 강제
③ 회피
④ 타협

정 답   ④

문제풀이

− 충돌발생 시에 합의점을 찾기 위한 갈등해결 전략은 타협이다.

Lose-Lose현상이 발생할 수도 있는 갈등 해결 방법은 무엇인지 선택하시오.

문제 6〉
① 대면
② 강제
③ 완화
④ 타협

정 답   ④

문제풀이

− Lose−Lose현상이 발생할 수 있는 갈등해결 전략이 타협이다.

일반적으로 프로젝트 후반부로 갈수록 주로 발생하는 갈등 원인이 무엇인지 선택하시오.

문제 7〉
① 일정
② 우선순위
③ 원가
④ 범위

정 답　①

– 프로젝트 생애 주기 측면에서 전체 프로젝트에 가장 큰 갈등은 일정이다. 일정은 프로젝트 후반부로 갈수록 갈등원인으로 등장한다.

프로젝트 관리자가 프로젝트팀을 구성하려고 한다. 이러한 경우 프로젝트 인적자원을 확보하기 위해서 검토해야 하는 주요 문서는 무엇인지 선택하시오.

문제 8〉
① 계약서
② 인적자원 관리 계획서
③ 조직 정책
④ 근무 계약서

정 답　②

– 프로젝트 인적자원을 확보하기 위해서 검토해야 하는 것은 인적자원 관리 계획서이다. 인적자원의 현황과 관리 방법 등을 포함한다.

프로젝트 관리자는 작업 패키지에 인력을 할당한 RAM(Responsibility Assignment Matrix)을 만들었다. RAM을 적용하는 이유로 가장 틀린 것을 선택하시오.

문제 9〉

① 팀원 및 작업을 통제하고 책임을 분명히 한다.
② 프로젝트 종료 후 이해 관계자들의 참여도에 따라 인센티브를 지급한다.
③ 관리책임을 분명히 하기 위해서 WBS와 RAM을 연계한다.
④ 이해 관계자들에게 자신들의 역할을 분명히 한다.

정 답   ②

문제풀이

– RAM은 팀원들의 책임과 역할을 분명히 하고 관리 통제하기 위한 것이지 인센티브를 지급하기 위한 것은 아니다.

구축 완료된 시스템에 대해서 기능 변경이 발생했다. 기능 변경 수용에 대해서 고객과 프로젝트 관리자, 팀원에게 갈등이 발생했다. 프로젝트 관리자의 갈등을 조율하기 위해서 상호대립보다 협력방안을 모색하기 시작했다. 이러한 갈등 해결 기법은 무엇인지 선택하시오.

문제 10〉

① 완화
② 회피
③ 타협
④ 문제 해결

정 답   ①

문제풀이

– 프로젝트 갈등해결 전략 중에서 완화에 대한 설명으로 변경에 대한 갈등으로 고객, 프로젝트 관리자, 팀원들의 갈등을 해결해야 한다.

완화의 갈등해결 전략은 다음과 같은 특징을 가진다.
– 의견의 차이보다는 합의점도출을 강조하는 것으로 잠정적인 해결방안
– 자기 의견이 틀렸다고 느끼고 합리성이 있다는 걸 보여줄 때
– 나중을 위해 신용을 얻고자 할 때
– 다른 그룹에 중요한 사안일 때, 조화와 안정이 중요할 때

프로젝트에서 발생하는 갈등을 해결하기 위한 1차 책임은 누구에게 있는지 선택하시오.

문제 11〉　① 프로젝트 관리자
　　　　　② 프로젝트팀원
　　　　　③ 프로젝트 스폰서
　　　　　④ 고객

정 답　　②

문제풀이

– 프로젝트 갈등을 해결하기 위한 1차적인 책임은 프로젝트팀원에게 있다.

해당 프로젝트의 성공을 위해서 GIS 전문가, LBS 전문가 등을 프로젝트팀에 포함시켰다. 이처럼 전문적이고 복합적 지식을 가진 조직을 관리하기 위해서 가장 효과적인 관리 방법은 무엇인지 선택하시오.

문제 12〉　① 기능 조직
　　　　　② 프로그램 관리 조직
　　　　　③ 강한 매트릭스 조직
　　　　　④ 독립적인 팀으로 분류

정 답　　③

문제풀이

– 전문적이고 복합적인 지식을 관리하기 위해서 기능조직과 프로젝트 조직의 장점을 결합한 매트릭스 조직이 적당하다. 단, 매트릭스 조직은 관리자가 N명이라는 문제로 갈등을 유발할 수가 있으므로 강한 매트릭스 조직 형태로 해서 프로젝트 관리자에게 권한을 부여한다.

아래의 내용 중에서 Maslow의 욕구 단계 이론 중 가장 상위에 있는 욕구는 무엇인가?

문제 13〉	① 자아실현
	② 존중
	③ 안전
	④ 소속감
정 답	①

문제풀이

– Maslow의 욕구 5단계에서 가장 상위는 자아실현이다.

동기부여 이론은 내용이론과 과정이론으로 분류되는데 아래의 내용 중에서 내용이론에 해당되지 않는 것을 선택하시오.

문제 14〉	① 기대이론
	② 욕구 단계 이론
	③ 성취동기 이론
	④ 2요인 이론
정 답	①

문제풀이

동기부여 이론 중에서 기대이론의 특징은 다음과 같다.
– 동기부여와 직무 만족을 별개로 인식
– 보상을 기대하고, 보상이 실제 기대수준과 같으면 더욱 만족하여 동기가 높아진다

문제 15〉

A금융회사 프로젝트 수행을 위해서 본사에서 금융회사로 프로젝트팀원의 근무 장소를 이동했다. 이동 결과 팀원이 환경적인 부분에 대해서 불안상태를 가지고 있다. 이러한 경우 매슬로의 이론에 의하면 팀원이 추구하는 다음 단계의 욕구로 가장 올바른 것을 선택하시오.

① 생리적 욕구
② 안전의 욕구
③ 퇴사의 욕구
④ 자아실현의 욕구

정 답　②

문제풀이

- 팀원이 불안상태에서 안정상태를 추구하게 되고 그것은 안전의 욕구이다.

문제 16〉

X이론을 근거로 관리자의 태도로 올바른 것을 선택하시오.

① 팀원들은 모두 책임감을 가지고 있다.
② 팀원들은 존중과 자기만족을 가장 중요하게 생각한다.
③ 팀원들은 일을 통해서 행복과 성취감을 느낀다.
④ 팀원들을 통제대상으로 생각한다.

정 답　④

문제풀이

- X이론은 관리, 통제, 명령을 의미하기 때문에 팀원을 통제대상으로 생각하는 것이다.

매트릭스 조직에서 기능관리자와 프로젝트 관리자가 이중적으로 작업을 지시하고 관리 통제하는 경우 누가 조정을 해야 하는지 선택하시오.

문제 17〉
① 프로젝트 조정자
② 운영관리자
③ 프로젝트 스폰서
④ 기능관리자

정 답　③

문제풀이

– 이중적인 작업지시는 갈등을 유발하는 주된 요인 중에 하나이다. 이러한 경우 프로젝트 스폰서가 조정을 해야 한다.

WBS 작업 패키지의 통제단위와 역할을 파악하기 위해서 어느 것을 참조해야 하는지 선택하시오.

문제 18〉
① WBS 사전　　② RAM
③ OBS　　④ 활동 자원 요구사항

정 답　②

문제풀이

– 통제단위와 역할을 파악하기 위해서는 작업과 조직의 책임과 역할을 정의한 RAM을 참조해야 한다.

아래의 상황 중에서 문제 해결 방법을 통한 갈등 해결을 수행해야 하는 경우를 선택하시오.

문제 19〉　① 갈등이 지속되는 경우
　　　　　　② 긴급한 의사결정
　　　　　　③ 의견의 절충안
　　　　　　④ 상호 협조와 협력

정 답　　①

문제풀이

– 갈등을 해결해야 할 경우는 갈등이 지속되어서 프로젝트 성과에 영향을 주는 경우이다.

금융 프로젝트에서 프로젝트 착수 프로세스를 단계마다 수행하는 이유로 가장 올바른 것을 선택하시오.

문제 20〉　① 통합관리를 수행
　　　　　　② 목표로 하는 비즈니스 구현 집중
　　　　　　③ 공식종료를 인정
　　　　　　④ 단계 종료를 통해서 공식 산출물

정 답　　②

문제풀이

– 착수 프로세스를 단계마다 수행하는 이유는 각 단계를 명확히 해서 구현하는 비즈니스에 집중하기 위해서이다.

아래의 내용 중에서 프로젝트에 적용하는 갈등 해결 전략 방법으로 가장 올바른 것을 선택하시오.

문제 21〉   ① 강제, 회피, 타협, 통제
          ② 대면, 타협, 지시, 완화
          ③ 통제, 협업, 강제, 완화
          ④ 회피, 강제, 대면, 완화

정 답   ③

문제풀이

– 갈등해결 전략은 통제, 협업, 강제, 완화가 프로젝트에 적용하는 것으로 가장 올바르다.

프로젝트 의사소통 관리

1. 프로젝트 의사소통 관리(Project Communication Management) 개요

프로젝트 정보의 생성, 수집, 배포, 저장, 검색 그리고 최종 처리가 적시에 적절히 수행되도록 하기 위해 필요한 프로세스 및 활동

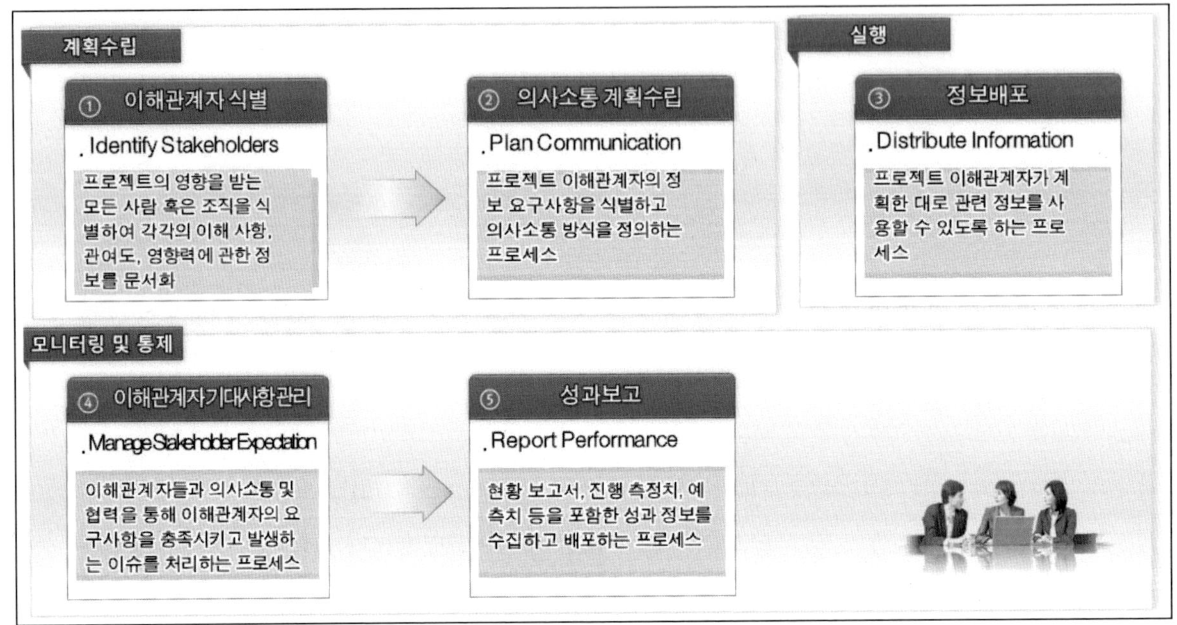

2. 이해 관계자 식별(Identify Stakeholders)

프로젝트의 영향을 받는 모든 사람 혹은 조직을 식별하여 각각의 이해 사항, 관여도, 영향력에 관한 정보를 문서화하는 프로세스

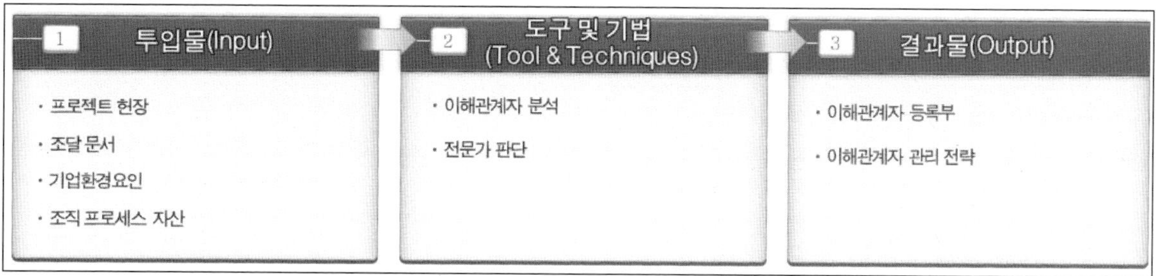

(1) 투입물(Input)

① **프로젝트 헌장**: 프로젝트를 공식적으로 승인하고 이해 관계자의 요구와 기대사항을 충족하기 위한 초기 요구 사항을 문서화한 것

② **조달문서**: 프로젝트 조달 활동의 결과물이거나 체결된 계약 문서

③ **기업환경요인**

④ **조직 프로세스 자산**

(2) 도구 및 기법(Tool & Techniques)

① **이해 관계자 분석**: 프로젝트 이해사항을 고려해야 하는 관련자들을 결정하기 위해 정성적·정량적 정보를 체계적으로 수집하고 분석

② **전문가 판단**: 해당 분야의 관련 전문가로부터 판단력과 전문성을 구함

(3) 결과물(Output)

① **이해 관계자등록부**: 이해 관계자 식별 프로세스의 주요 산출물, 신원 식별 정보, 정보 평가, 이해 관계자 분류 등 사항

② **이해 관계자 관리 전략**: 전체 프로젝트 생애 주기에 걸쳐 이해 관계자의 자원을 촉진하고 부정적 영향을 최소화하기 위한 전략

3. 의사소통 계획수립(Plan Communication)

프로젝트 이해 관계자의 정보 요구사항을 식별하고 의사소통 방식을 정의하는 프로세스

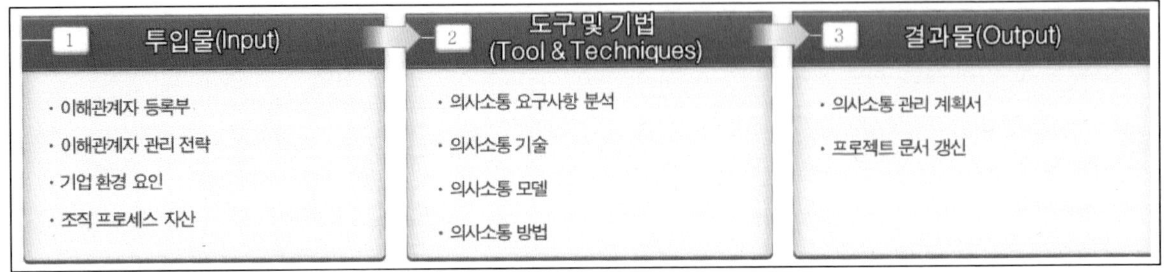

3.1 의사소통 계획수립의 주요 내용

(1) 투입물(Input)

① **이해 관계자등록부**

② **이해 관계자 관리 전략**

③ **기업 환경 요인**

④ **조직 프로세스 자산**

(2) 도구 및 기법(Tool & Techniques)

① **의사소통 요구사항 분석**: 프로젝트 이해 관계자의 정보 요구사항을 판별

② **의사소통 기술**: 대화, 문서, 회의, 메일 등이며 프로젝트에서 활용 가능한 의사소통 기술을 고려
하여 방법을 결정

③ **의사소통 모델**

－ 발신자와 수신자가 메시지를 주고받는 방법

－ 암호화, 메시지 및 피드백 전달매체, 잡음, 해독이 기본요소임

④ **의사소통 방법**: 대화식, 전달식, 유인식 의사소통 방법이 있음

(3) 결과물(Output)

① **의사소통 관리 계획서**: 이해 관계자들의 정보요구사항, 정보 배포 목적, 배포 빈도 등의 내용이
담긴 공식 또는 비공식 문서

② **이해 관계자 관리 전략**: 프로젝트 일정, 이해 관계자등록부, 이해 관계자 관리 전략 등을 갱신

3.2 의사소통방법

(1) 의사소통 방법 선정 시 고려사항

- Written or oral: 서면이나 구두, 듣기 및 말하기
- Internal or External: 내부(프로젝트 내부) 및 외부(고객, 매체, 대중)
- Vertical or Horizontal: 수직적(조직의 상하) 및 수평적(동료들)

(2) 의사소통 매체 선택

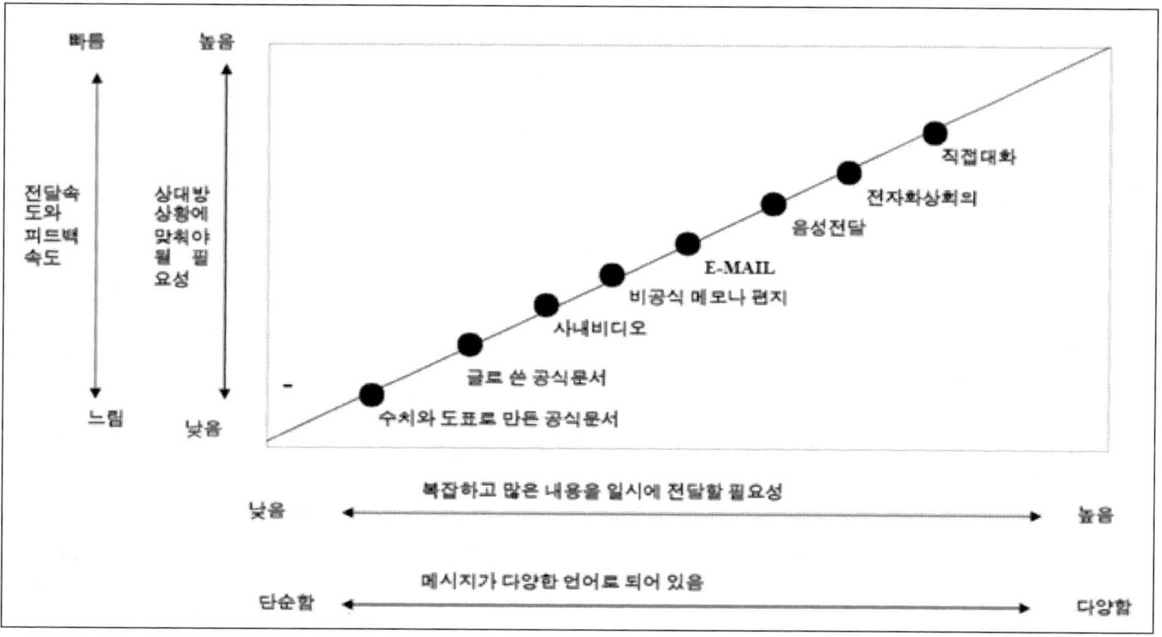

3.3 의사소통채널

(1) 의사소통 방법 적용

- 공식문서(Formal written): 복잡한 문제 해결, 프로젝트 계획, 프로젝트 헌장, 주요 계약관리 등
- 공식구두(Formal verbal): 프리젠테이션, 발표 등
- 비공식 문서(Informal written): 메모, 전자우편 등
- 비공식 구두(Informal verbal): 회의, 일상적인 대화 등

(2) 성과보고서 유형
 - Status Report: 프로젝트 현재 상태 정보
 - Progress Report: 프로젝트 과거부터 현재까지의 성과 추이 정보
 - Forecasting Report: 미래의 프로젝트 상황과 성과에 대한 예측 보고서
 - Variance Report: 계획대비 실적에 대한 차이보고

(3) 의사소통 채널 수 및 Brook's 법칙
프로젝트의 진척은 투입되는 개발인력에 비례하여 증가하지 않고 오히려 일정의 변곡점 이후에는 의사소통의 수가 증가(n(n−1)/2)하여 진척을 지연시킴

(4) Brook's 법칙의 원리
① Brook's 법칙의 원리 개념

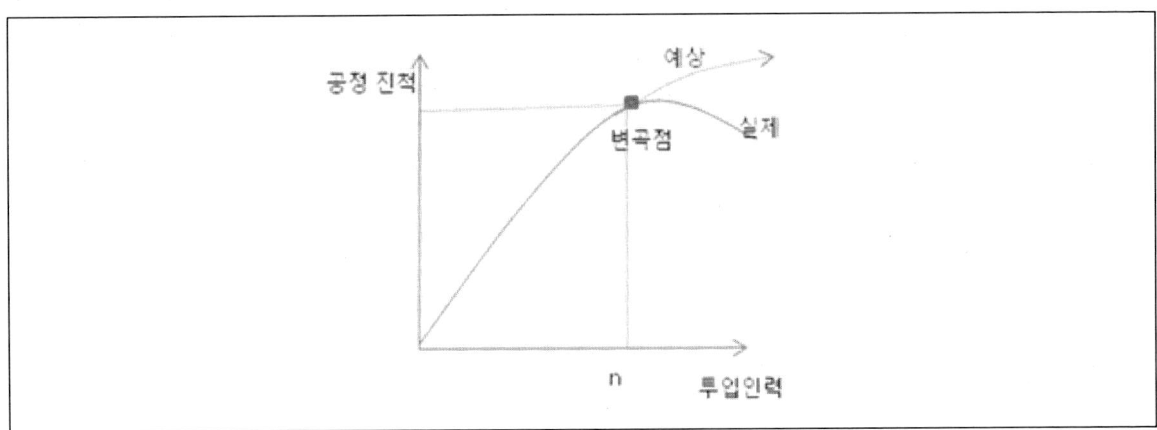

　프로젝트에 인원을 투입하면 n(n−1)/2 만큼 의사소통 경우의 수가 생성하므로 일정 변곡점 이상으로 인력을 투입하면 의사소통 비용의 증가가 인원의 생산성 증가를 추월하여 오히려 생산 진척이 늦어지는 현상

② Brook's 법칙의 원리 의미
 - 인력관리: 진척만회를 위한 인력활동 및 투입을 위한 기본원리 제공
 - 의사소통: 프로젝트 수행 시 의사소통 및 업무 분장의 중요성 일정단축을 위한 Crashing 적용 시 고려해야 할 사항임

3.4 의사소통 네트워크

집단 내에 정보가 오가는 길들의 집합 구조

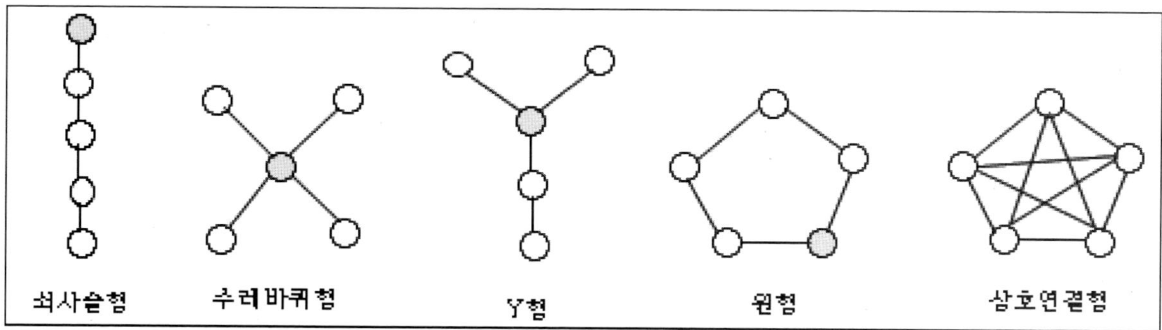

기준	의사소통			
	쇠사슬형	수레바퀴형	원형	상호연결형
의사소통의 속도	중간	빠름	빠름	빠름
의사소통의 정확도	높음	높음	중간	중간
리더에의 권한 집중	보통	높음	낮음	극히 낮음
구성원 만족도	보통	낮음	높음	높음

4. 정보배포(Distribute Information)

프로젝트 이해 관계자의 정보 요구사항을 식별하고 의사소통 방식을 정의하는 프로세스

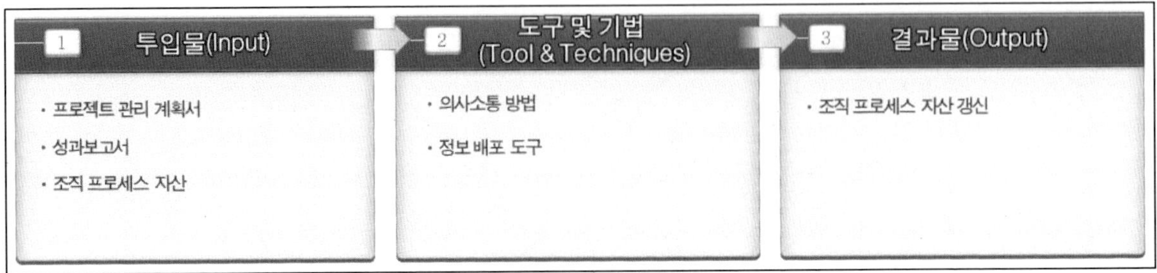

(1) 투입물(Input)

① **프로젝트 관리 계획서**

② **성과보고서**

③ **조직 프로세스 자산**

(2) 도구 및 기법(Tool & Techniques)

① **의사소통방법**

② **정보배포 도구**

(3) 결과물(Output)

- 조직 프로세스 자산 갱신: 이해 관계자 통지, 프로젝트 보고서, 발표, 기록, 이해 관계자로부터 피드백, 습득한 교훈 등

5. 이해 관계자 기대사항 관리(Manage Stakeholder Expectation)

이해 관계자들과 의사소통 및 협력을 통해 이해 관계자의 요구사항을 충족시키고 발생하는 이슈를 처리하는 프로세스

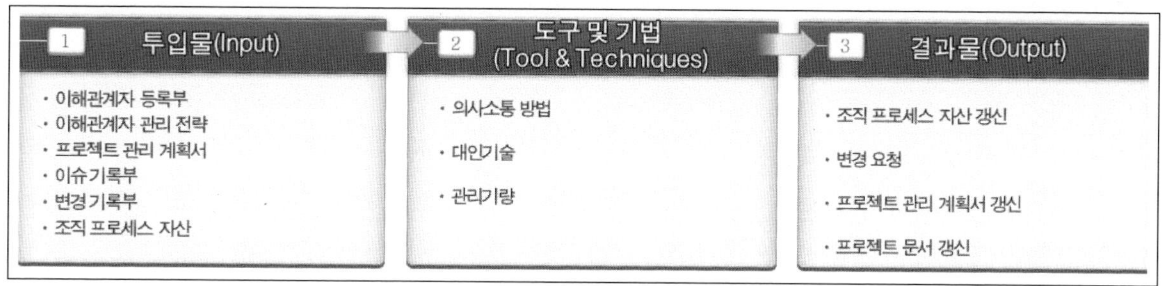

(1) 투입물(Input)

① 이해 관계자등록부

② 이해 관계자 관리 전략

③ 프로젝트 관리 계획서

④ 이슈 기록부

⑤ 변경 기록부

⑥ 조직 프로세스 자산

(2) 도구 및 기법(Tool & Techniques)

① 의사소통 방법

② 대인기술

③ 관리기량

(3) 결과물(Output)

① 조직 프로세스 자산 갱신

② 변경요청

③ 프로젝트 관리 계획서 갱신

④ 프로젝트 문서 갱신

6. 성과보고(Report Performance)

현황 보고서, 진행 측정치, 예측치 등을 포함한 성과 정보를 수집하고 배포하는 프로세스

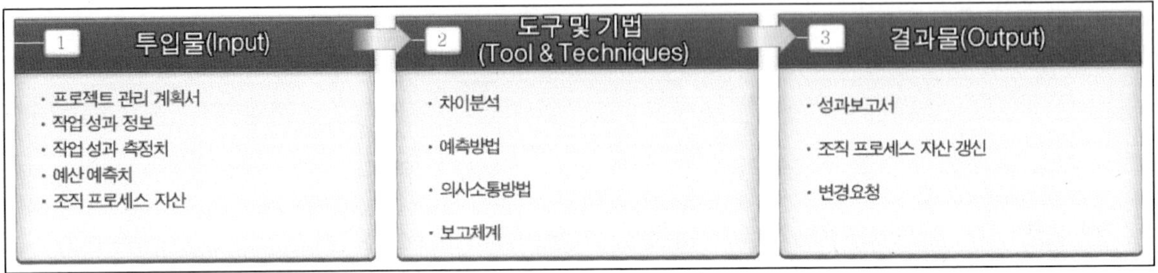

(1) 투입물(Input)

① **프로젝트 관리 계획서**

② **작업 성과 정보**

③ **작업 성과 측정치**

④ **예산 예측치**

⑤ **조직 프로세스 자산**

(2) 도구 및 기법(Tool & Techniques)

① **차이분석**: 기준선과 실제 성과 사이의 차이를 유발한 원인을 밝히기 위한 추후 검토 활동

② **예측방법**

- 현재까지 실제 성과를 근거로 향후 프로젝트 성과를 예측하는 프로세스

- 시계열 기법, 인과/계량 기법, 판단기법, 기타기법

③ **의사소통 방법**

④ **보고체계**

(3) 결과물(Output)

① **성과보고서**

- 현황정보, 진행 정보, 다양한 이해 관계자들이 요구하는 수준의 세부 정보를 제공함

- 프로젝트의 현재 상태, 성과 추이 등의 정보를 담고 있음

② **조직 프로세스 자산 갱신**

③ **변경요청**

PMP 임호진

프로젝트 의사소통 관리는 프로젝트 정보를 적시에 적합하게 작성, 수집, 배포, 저장하고 궁극적으로는 배치/처분/전달하기 위해 필요한 프로세스들을 포함한다. 프로젝트 의사소통 관리는 프로젝트를 성공적으로 수행하는데 필요한 사람, 아이디어, 정보 사이의 중요한 연결(link)을 제공한다. 즉 프로젝트의 이해당사자를 파악하고 그들이 필요로 하는 정보를 정의하여 적절한 시기와 방법으로 정보를 전달하기 위한 활동들이 포함된다.

흔히들 프로젝트를 판단할 때 개발자 수를 늘리면 그에 비례하여 일정이 단축될 것이라는 예측을 하는 관리자들이 있다. 하지만 Brook's의 법칙에 따르면 구성원이 많아질수록 의사소통 채널의 수가 기하급수적으로 증가하여 일정 지점이 되면 성과가 오히려 떨어진다고 한다. 이는 자원을 추가하여 일정을 단축하기 위한 기법인 Crashing을 적용할 때 고려해야 할 요소인 것이다.

이러한 의사소통의 채널을 단순화하기 위하여 프로젝트의 조직을 계층화하거나 의사소통 네트워크를 변경하는 등의 노력을 할 수 있을 것이다. 또한 주기적 혹은 임의적으로 프로젝트의 성과를 보고하는 것도 의사소통 영역의 주요한 활동이다. 그러므로 적절한 성과보고를 위한 기법을 숙지해 놓아야 한다.

용어사전

① **의사소통 계획**
- 의사소통 관리에서 중요한 것은 이해 관계자들의 프로젝트 정보 요구(Information Needs)를 식별하는 것
- 의사소통 관리는 위와 같은 정보요구를 식별하고, 해당 정보를 생성 및 제공하고, 이를 관리하는 전반적인 과정
- 이해 관계자마다 필요한 정보와 선호하는 형식이 서로 다름. 권한할당도표, RAM(Responsibility Assignment Matrix)
- 프로젝트 조직구성원들에 대한 책임과 역할을 할당한 도표
- 프로젝트에 있어서 각자가 수행할 업무유형을 몇 가지 정형적인 패턴으로 정리하여 표현하는 것

② **기능조직(Functional Structure)**
- 내부 효율성을 강조하는 조직형태
- 업무의 전문화라는 관점에서 각 기능부서의 전문성을 최대한 발휘할 수 있는 조직형태를 의미

③ **프로젝트조직(Project Structure)**
- 외부 효과성을 강조하는 조직형태
- 외부 환경 혹은 주어진 목표를 달성할 수 있는 조직형태를 의미 ex) Full Time Task Force

④ **매트릭스조직(Matrix Structure)**
- 내부 효율성과 외부 효과성을 혼합한 조직형태
- 상기 2가지 조직형태의 장점을 살린 Hybrid 조직형태를 의미

⑤ **착수회의(Kick-Off meeting)**
- 프로젝트팀이 공식적으로 처음모이는 기회
- 프로젝트팀과 스폰서, 고객 등의 Stakeholder들에게 프로젝트 수행 방향과 합의를 이끌어 내기 위한 회의

:: 핵심 문제 풀이

문제 1〉

프로젝트 일정지연이 예상되어 고객과 합의 후 Crashing을 통한 일정 단축을 결정했고 현재 팀원 5명에서 신규 10명의 인력을 투입했다. 이러한 경우 증가되는 의사소통 채널의 수는 얼마인지 선택하시오.

① 10개
② 55개
③ 95개
④ 105개

정 답　③

문제풀이

– 프로젝트 인력 투입으로 증가하는 의사소통 채널의 수는 $n(n-1)/2$로 계산되고 의사소통은 단방향이 아니라 양방향이므로 인력 수보다 의사소통 채널의 수는 증가한다. N은 인력의 수를 의미하고 본 문제에서는 팀원이 5명일 때의 의사소통의 수와 10명일 때의 의사소통의 수를 계산하면 증감을 파악할 수가 있다.

문제 2〉

프로젝트 관리자는 일정지연이 없다고 판단해서 고객에게 공식적으로 보고했다. 하지만, 실제 성과를 확인하니 일부 업무에서 일정지연이 발생했다. 이러한 경우 어떤 활동에서 문제점이 발생하였는지 선택하시오.

① 의사소통 계획
② 인적자원 계획
③ 원가관리 계획
④ 위험관리 계획

정 답　①

문제풀이

– 위의 시나리오에서 프로젝트 관리자가 일정지연을 제대로 파악하지 못했다. 그 이유로 보이는 것은 프로젝트팀원 간의 의사소통의 문제로 볼 수 있다.

프로젝트 신규 투입인력이 환경에 적응하지 못하고 실적도 저조한 경우 의사소통 방법으로 가장 올바른 것을 선택하시오.

문제 3〉
① 공식적인 문서
② 공식적인 대화
③ 비공식적인 문서
④ 비공식적인 대화

정 답   ③

문제풀이

– 신규 인력이 적응하지 못하는 경우 비공식적인 메일이나 메모 등을 통해서 의사소통을 하는 것을 권고한다. 즉, 비공식적인 문서이다.

일반적으로 프로젝트에서 의사소통을 하기 위해서 가장 많이 사용하는 방법은 무엇인지 선택하시오.

문제 4〉
① 언어적 요소
② 비언어적 요소
③ 문서
④ 표시

정 답   ②

문제풀이

– 프로젝트 의사소통을 위해서 가장 많이 사용하는 것은 비언어적 요소이다.

의사소통 계획수립에 필요한 입력물(Input)은 어느 것인지 선택하시오.

문제 5〉
① 프로젝트 범위기술서
② 이해 관계자등록부
③ 조달문서
④ 작업 성과 정보

정 답　②

문제풀이

– 의사소통을 하기 위해서는 당연히 이해 관계자등록부를 알아야 한다. 이해 관계자등록부는 프로젝트 이해 관계자 리스트와 영향도, 그들이 필요로 하는 정보 등을 포함한다.

프로젝트 관리자는 성과보고를 준비하고 있다. 성과 보고 문서를 작성하기 위해서 필요한 정보를 선택하시오.

문제 6〉
① 이행관계자 등록부
② 기업환경요인
③ 이슈 기록부
④ 작업 성과 정보

정 답　④

문제풀이

– 성과보고를 하기 위해서는 작업 성과 정보와 계획에 대한 정보가 필요하다.

프로젝트 관리자와 고객 간의 착수회의를 진행하고 있다. 착수 회의의 안건에 해당되지 않는 것은 무엇인지 선택하시오.

문제 7〉
① 이해 관계자와 프로젝트팀원 소개
② 예산승인
③ 프로젝트 목표
④ 구축된 업무 범위 개요

정 답　②

문제풀이

– 프로젝트 착수회의는 프로젝트를 시작하는 것으로 이해 관계자 소개, 팀원 소개, 프로젝트 목표 공유, 대략적인 범위를 공유하여 프로젝트팀원에게 동기를 유발한다. 하지만 착수회의에서는 예산과 같은 비용적인 부분은 포함되지 않는다.

프로젝트 착수회의를 수행하는 이유로 가장 타당하지 않은 것에 대해서 설명하시오.

문제 8〉
① 이해 관계자 및 프로젝트팀 간의 프로젝트 목표 공유
② 이해 관계자와 팀원 소개
③ 계약서 검토를 통한 예산의 적정성 확인
④ 프로젝트 개요와 전반적인 범위 공유

정 답　③

문제풀이

– 프로젝트 착수회의에서는 예산과 같은 비용적인 부분은 포함하지 않는다.

프로젝트팀원들의 commitment를 확보하기 위한 방법으로 가장 올바르지 않은 것을 선택하시오.

문제 9〉
① 프로젝트의 중요 문제를 식별하고 집중
② 가장 모범적인 행동으로 프로젝트 관리자가 모범을 보임
③ 독자적인 의사결정과 행동을 장려
④ 성과분석 후 적절한 보상

정 답　③

– 프로젝트팀원들의 commitment를 확보하기 위한 방법으로 지양해야 할 것은 독자적인 의사결정과 행동이다.

고객이 전체적인 프로젝트 성과를 보고하라고 지시했다. 프로젝트 관리자가 전체적인 프로젝트 성과를 측정하기 위한 방법으로 가장 적당한 것을 선택하시오.

문제 10〉
① WBS
② PERT
③ EVM
④ CPM

정 답　③

– PMBOK의 성과측정 방법은 범위, 일정, 비용을 통합해서 원가기준선을 관리하는 EVM이다.

아래의 내용 중에서 프로젝트 스폰서에게 보고하지 않아도 되는 것을 선택하시오.

문제 11〉
① 주간 프로젝트 실적
② 마일스톤 현황
③ 성과 달성 현황
④ 범위 및 납기 준수 현황

정 답　　①

문제풀이

– 프로젝트 스폰서는 중요한 마일스톤, 성과달성, 범위 및 납기 준수현황에 대해서 보고를 받는 것이고 주간적으로 일어나는 것은 보고하지 않아도 된다.

화상회의와 팩스를 활용하여 프로젝트를 진행하고 있다. 이러한 것은 어떤 이유로 사용하고 있는지 선택하시오.

문제 12〉
① 팀원들에게 동기부여
② 프로젝트 공식 시작 전에 정보 공유
③ 거리적으로 떨어진 프로젝트 수행 상황
④ 이해 관계자의 기대치를 즉시 공유

정 답　　③

문제풀이

– 프로젝트팀원이 물리적으로 떨어져서 팀을 구성하는 경우, 즉 가상팀을 구성하는 경우 매체 등을 활용할 수가 있다.

프로젝트팀원들이 조직의 성과를 위해서 중요 업무에 관련된 정보를 공유하지 않아서 팀원들 간의 갈등이 심화되고 있다. 이러한 상황은 어떠한 조직형태에서 발생되는지 선택하시오.

문제 13〉

① 매트릭스 조직
② 프로젝트 조직
③ 프로젝트 착수 전에 발생
④ 기술 중심의 전문 집단 구성

정 답　①

문제풀이

– 기능조직과 프로젝트 조직의 혼합형태인 매트릭스 조직에서는 팀원들이 성과 목표가 다를 수가 있으므로 정보를 공유하지 않은 갈등이 발생할 수가 있다.

(　　　)에 의해서 의사소통에 대한 요구사항의 필요성을 반영하여 만든다. 빈칸에 알맞은 것은?

문제 14〉

① 품질관리자
② 프로젝트 관리자
③ 팀원들
④ 이해 관계자

정 답　④

문제풀이

– 이해 관계자의 의사소통 요구사항은 반영되어야 한다.

프로젝트팀에 중국 개발자를 참여시켰다. 이러한 경우 문화적 차이로 인하여 생산성 및 의사소통에 문제를 발생시키지 않기 위해서 해야 하는 활동으로 가장 올바른 것을 선택하시오.

문제 15〉
① 문화적 차이에 대한 교육
② 중국 개발자에게 규정과 표준 교육
③ 팀 빌딩 실시 후 중국 개발자에게방법론에 대한 교육 실시
④ 한 장소에서 작업을 수행

정 답   ①

문제풀이

– 해외 팀원을 참여시키는 경우 팀원들 간의 문화적 차이에 대해서 교육을 실시해야 한다.

아래의 활동 중에서 향후 프로젝트 현황을 파악하기 위해서 계획과 실적 차이를 분석하는 활동은 무엇인지 선택하시오.

문제 16〉
① 프로젝트 헌장
② 프로젝트 감리
③ 성과 검토 회의
④ 프로젝트 착수 회의

정 답   ③

문제풀이

– 프로젝트 실적을 파악하기 위해서 계획과 실적의 차이를 분석하는 활동은 성과 검토회의이다.

프로젝트의 위험요인과 해결방안을 분석하여 향후 프로젝트의 성공을 지원할 수 있는 제언 등을 무엇이라고 하는지 선택하시오.

문제 17〉
① 프로젝트 성과보고서
② 교훈
③ 프로젝트 헌장
④ 위험 분석 결과서

정 답 ②

문제풀이

– 프로젝트 성공을 위한 경험적 제언은 교훈에 해당된다.

아래의 내용 중에서 이해 관계자의 요구사항을 확인하기 위한 방법으로 가장 올바르지 않은 것은 무엇인지 선택하시오.

문제 18〉
① 프로토타입 제작
② 델파이 기법
③ 실험 계획법 실시
④ 인터뷰 실시

정 답 ③

문제풀이

– 요구사항을 파악하기 위해서 고객과 인터뷰, 프로토타입을 통한 검증. 중재자를 활용한 델파이 기법 등이 있다. 실험 계획법은 품질 계획수립의 도구이다.

교훈은 (   )가 작성한다.

문제 19〉

① 프로젝트 관리자
② 개발자
③ 스폰서
④ 이해 관계자

정 답　④

문제풀이

– 교훈은 이해 관계자가 작성한다. 이해 관계자는 프로젝트 스폰서, 사용자, 프로젝트 관리자, 프로젝트팀원 등이 해당된다.

아래의 내용 중에서 이해 관계자의 기대사항 관리 산출물에 해당되는 것은 무엇인지 선택하시오.

문제 20〉

① 변경요청
② 범위 기준선
③ 성과보고서
④ 이해 관계자등록부

정 답　①

문제풀이

– 기대사항 관리 산출물은 이해 관계자의 변경요청이다.

프로젝트 관리자가 이해 관계자와 의사소통을 위해서 할당되는 시간은 일반적으로 몇 퍼센트인지 선택하시오.

문제 21〉　① 약 30% ~ 60%
　　　　　② 약 50% ~ 70%
　　　　　③ 약 70% ~ 80%
　　　　　④ 약 75% ~ 90%

정 답　④

문제풀이

– 프로젝트 관리자는 의사소통을 위해서 90% 정도의 시간을 할당한다.

금융권 프로젝트 관리자가 기성고 분석을 수행하였다. 기성고 분석결과를 활용하는 것은 무엇인지 선택하시오.

문제 22〉　① 위험요인을 파악하고 대안을 수립
　　　　　② 고객과 의사소통 계획과 품질관리 계획을 수립
　　　　　③ 성과 보고
　　　　　④ 이해 관계자들의 요구사항을 정리하고 협의

정 답　③

문제풀이

– 기성고 분석은 성과보고를 위해서 사용된다. 기성고 분석의 다른 이름이 성과 측정 기준선이다.

공급업체로부터 품질관리 솔루션을 공급받기로 하였다. 하지만 회사에 부도 위험이 존재하고 이것을 프로젝트 관리자가 파악했다면, 이러한 내용을 보고할 때 검토해야 할 문서로 가장 올바른 것을 선택하시오.

문제 23〉
① 구매 계획서
② 의사소통 계획서
③ 조달 계획서
④ 인적자원 계획서

정 답   ②

문제풀이

– 지문에서 통합하여 관리하고 있다는 것은 성과 측정 기준선(EVM)을 의미하고 EVM을 품질 기준선과 비교하여 제품 및 프로세스 품질 달성 여부를 확인해야 한다.

프로젝트 관리자는 범위, 일정, 원가를 통합하여 관리하고 있다. 프로젝트 성과 평가를 수행한다면, 프로젝트 실행결과를 어떤 것과 비교해서 분석해야 하는지 선택하시오.

문제 24〉
① 프로젝트 네트워크 다이어그램
② 성과 측정 기준선
③ 품질 기준선
④ 의사소통 관리 계획서

정 답   ③

문제풀이

– 지문에서 통합하여 관리하고 있다는 것은 성과 측정 기준선(EVM)을 의미하고 EVM을 품질 기준선과 비교하여 제품 및 프로세스 품질 달성 여부를 확인해야 한다.

프로젝트 위험 관리

1. 프로젝트 위험 관리(Project Risk Management) 개요

프로젝트에 대한 위험의 관리 기획, 식별, 분석, 대응, 기획, 감시 및 통제를 수행하는 프로세스 및 활동

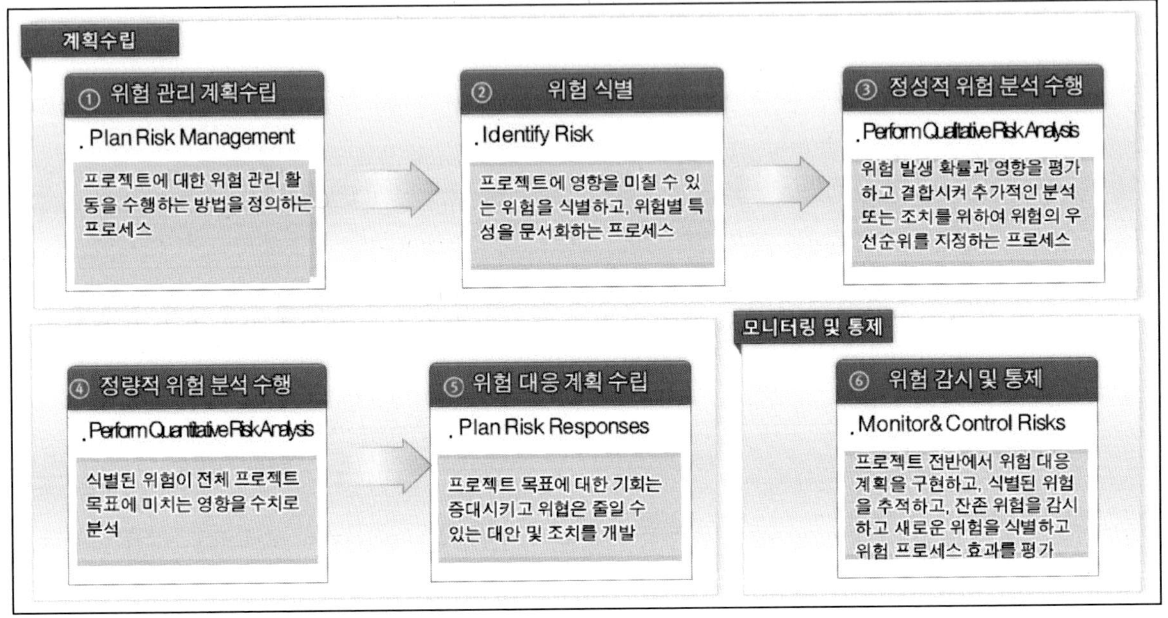

2. 위험 관리 계획수립(Plan Risk Management) 개요

프로젝트에 대한 위험 관리 활동을 수행하는 방법을 정의하는 프로세스

(1) 투입물(Input)

① **프로젝트 범위기술서**

② **원가 관리 계획서**: 위험관련 예산, 우발사태 및 관리 예비비가 보고 및 접근되는 방법을 고려함

③ **일정 관리 계획서**: 일정 우발사태가 보고 및 평가되는 방법

④ **의사소통 관리 계획서**: 프로젝트에서 발생하는 상호작용을 정의하고, 다양한 위험 및 대응책에 관한 정보를 다양한 관점에 공유 여부 결정

⑤ **기업환경 요인**

⑥ **조직 프로세스 자산**

(2) 도구 및 기법(Tool & Techniques)

● **기획 회의 및 분석**: 리스크관리 계획서를 개발하기 위한 기획 회의를 개최

(3) 결과물(Output)

● **위험 관리 계획서**

- 프로젝트에서 위험 관리의 구조와 수행방법을 기술

- 방법론, 역할 및 책임사항, 예산 결정, 시기, 리스크 범주 등의 내용이 포함됨

- 프로젝트의 긍정적인 사건의 영향 및 가능성을 증가시키고 프로젝트에 대한 부정적인 사건의 영향 및 가능성을 감소

a. 목표

- 프로젝트 위험 조기발견 및 대응

- 프로젝트 위험 최소화 및 회피

- 프로젝트 불확실성 감소

b. 위험관리 계획

- 위험관리 방법론, 역할과 책임, 예산책정, 시기, 위험 분류, 위험 발생 가능성 및 영향력에 대한 정의
- 보고양식, 추적

3. 위험 식별(Identify Risk)

3.1 위험 식별주요 내용

프로젝트에 영향을 미칠 수 있는 위험을 식별하고, 위험별 특성을 문서화하는 프로세스

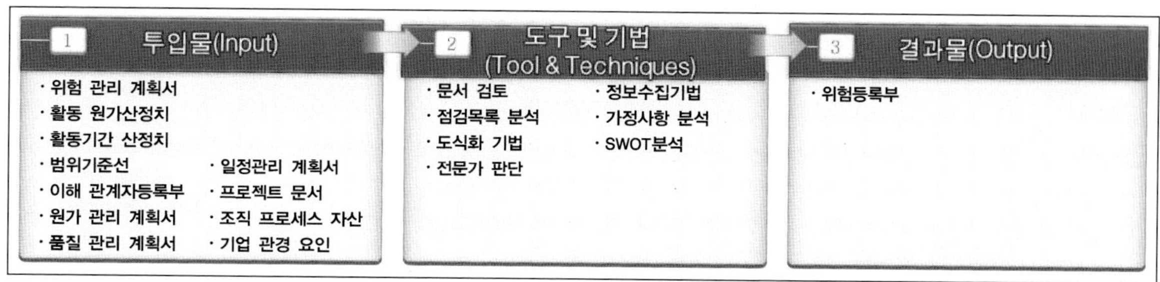

(1) 투입물(Input)

① **위험 관리 계획서**

② **활동 원가 산정치**

③ **활동 기간 산정치**

④ **범위 기준선**

⑤ **이해 관계자 등록부**

⑥ **원가 관리 계획서**

⑦ **품질 관리 계획서**

⑧ **일정 관리 계획서**

⑨ **프로젝트 문서**

⑩ **조직 프로세스 자산**

⑪ **기업 환경 요인**

(2) 도구 및 기법(Tool & Techniques)

① **문서 검토**: 계획서, 가정사항, 이전 프로젝트 파일, 계약서 및 기타 정보를 포함한 프로젝트 문서에 대한 조직적인 검토

② **정보수집기법**: 정보수집기법 종류에는 브레인스토밍, 델파이 기법, 인터뷰, 근본 원인분석 등

③ **점검목록분석**: 이전에 유사한 프로젝트 및 기타 정보 출처의 축적된 선례 정보와 지식을 바탕으로 분석

④ **가정사항분석**: 프로젝트에 적용할 때 가정사항의 타당성을 조사하고 가정사항의 부정확성, 불안정성, 불일치성으로 인한 프로젝트 위험 식별

⑤ **도식화 기법**: 인과관계도, 프로세스 흐름도, 영향 관계도

⑥ **SWOT 분석**: 프로젝트의 강점, 약점, 기회, 위협을 검토하여 위험을 폭넓게 고려해 보기 위해 활용

⑦ **전문가 판단**

(3) 결과물(Output)

• **위험등록부**: 프로젝트 관리 계획의 구성요소이며, 리스크 관리 프로세스가 수행될 때 해당 프로세스의 결과물을 기록, 수정하는 문서

3.2 위험식별 방법

(1) 문서검토
- 관리 계획서, 각종 가정들, 유사 프로젝트 기록 구조적 검토 등
- 위험식별을 위한 첫 번째 활동
- WBS와 RBS(Risk Breakdown Structure)는 체계적 식별을 위한 유용한 도구

(2) 정보수집 기법
- 브레인스토밍: 목적은 프로젝트 위험의 전체목록을 작성하는 것
- 인터뷰, 근본적인 원인식별, SWOT 분석(강점, 약점, 기회, 위협)
- 체크리스트: 조직에 축척된 위험 식별 리스트를 활용하여 식별
- 델파이 기법: 전문가 참여, 합의도출, 익명참여, 반복적 토의
- 명목집단 기법(Nominal group technique): 패널 아이디어 제출, 토의, 우선순위 결정
    ① 조직 내 외부 전문가를 뽑아 패널을 구성
    ② 패널이 모여 보드에 아이디어 리스트를 쓰고 토론
    ③ 아이디어 우선순위를 정하고 종합하여 등급을 정함
    ④ 위의 과정 반복

3.3 위험 분류체계(RBS)

(1) 개념

위험 분류체계에는 일반적으로 야기될 수 있는 위험의 범주가 계층적으로 표현됨. 위험식별과정에서 참여자들에게 위험이 발생할 수 있는 출처를 상기시킴

(2) RBS 예제

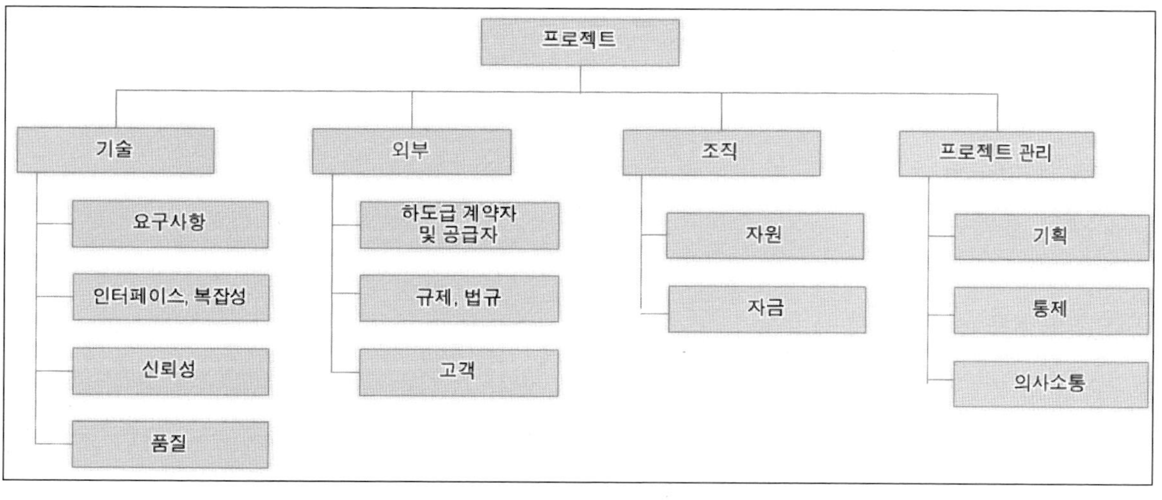

4. 정성적 위험 분석 수행(Perform Qualitative Risk Analysis)

4.1 정성적 위험 분석 수행(Perform Qualitative Risk Analysis) 주요 내용

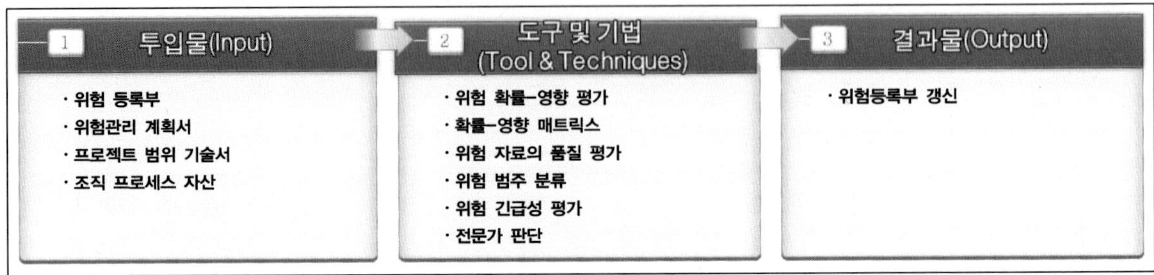

(1) 투입물(Input)

① **위험 등록부**

② **위험관리 계획서**

③ **프로젝트 범위기술서**

④ **조직 프로세스 자산**

(2) 도구 및 기법(Tool & Techniques)

① **위험 확률－영향 평가**: 특정 위험별 발생 확률을 조사하고, 일정, 원가, 품질, 성과 등의 프로젝트 목표에 대한 잠재적 영향을 조사

② **확률－영향 매트릭스**: 위험 등급에 따라 추가 정량적 분석 및 대응 우선순위 위험 등급을 매길 수 있음

③ **위험 자료의 품질 평가**: 위험 관련 자료가 위험 관리에 유용한 정도를 평가하는 기법

④ **위험 범주 분류**: 위험 원인, 영향을 받는 프로젝트 영역, 프로세스별로 불확실성의 영향 정도에 따라 분류

⑤ **위험 긴급성 평가**: 단기간 내에 대응이 필요한 위험은 긴급히 해결할 위험으로 간주

⑥ **전문가 판단**

(3) 결과물(Output)

● **위험 등록부 갱신**

－ 범주별로 분류된 위험

－ 위험의 원인

- 단기간 내 대응을 요구하는 위험 목록
- 추가 분석 및 대응을 요구하는 위험 목록
- 우선순위가 낮은 위험 감시목록
- 정성적 위험 분석 결과의 추세 등 갱신

4.2 정성적 위험 분석

(1) 내용
- 식별된 위험의 발생 가능성 및 그 영향을 평가하여 관리 위험의 우선순위 선정
- 목표: 식별된 위험의 대응계획을 효율적으로 수행

(2) 확률 영향 매트릭스의 예제

위험사건	발생가능성	영향 정도	위험노출도	우선순위
위험사건 #1	매우 높음	낮음	H	1
위험사건 #2	보통	보통	M	2
위험사건 #3	낮음	높음	M	2
위험사건 #4	낮음	낮음	M	2

- 정해진 우선순위에 따라 대응전략 수립 시 활용

(3) 위험 노출도 등급분류 예제

가능성/영향 정도	매우 낮음	낮음	보통	높음	매우 높음
매우 낮음	L	M	M	H	H
낮음	L	L	M	H	H
보통	L	L	M	M	M
높음	VL	M	M	M	M
매우 높음	VL	VL	L	M	M

- 위험 노출도 = f(발생 가능성, 영향도)
- H: High, M: Middle, L: Low, VL: Very Low

5. 정량적 위험 분석 수행(Perform Quantitative Risk Analysis)

5.1 정량적 위험 분석 수행(Perform Quantitative Risk Analysis) 주요 내용

식별된 위험이 전체 프로젝트 목표에 미치는 영향을 수치로 분석

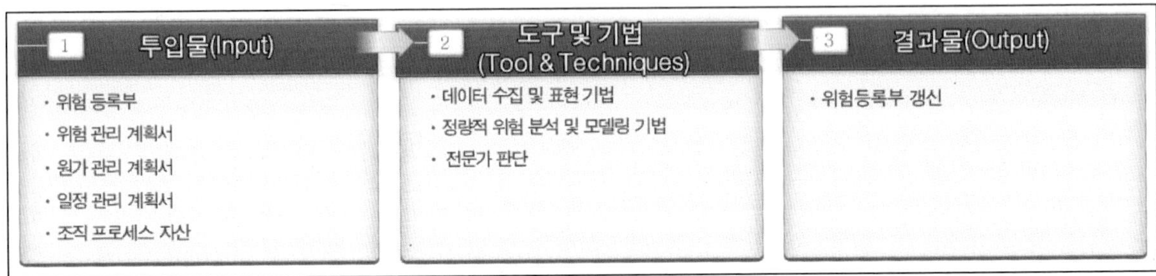

(1) 투입물(Input)

① **위험 등록부**

② **위험관리 계획서**

③ **일정 관리 계획서**

④ **조직 프로세스 자산**

(2) 도구 및 기법(Tool & Techniques)

① **데이터 수집 및 표현 기법**: 인터뷰, 확률 분포 등

② **정량적 위험 분석 및 모델링 기법**: 민감도 분석, 금전적 기댓값 분석, 모델링 및 시뮬레이션 등

③ **전문가 판단**

(3) 결과물(Output)

● **위험등록부 갱신**

 – 프로젝트의 확률론적 분석

 – 원가 및 시간 목표달성 확률

 – 정량화한 위험의 우선순위 목록

 – 정량적 위험 분석 결과의 추세 등 갱신

5.2 정량적 위험 분석의 유형

위험이 프로젝트 목표(납기, 원가)에 미치는 영향력을 계량화하고 위험들이 상호작용하여 어떤 결과를 초래하는지 분석

(1) 민감도 분석(Sensitivity Analysis)
- 여러 변수 중 다른 변숫값은 고정하고 한 변수의 값을 한 단위씩 변경하여 결과 값의 변경을 분석하는 방식
- 어떤 위험이 프로젝트에 가장 큰 영향력을 미치는가를 분석하고자 할 때 활용
- 토네이도 다이어그램(Tornado Diagram): 민감도 분석을 표현하는 다이어그램(변동폭이 큰 항목부터 위에 표현함으로써 토네이도와 유사)

(2) 의사결정 나무(Decision Tree)
- 불확실한 프로젝트 상황에서 의사결정 내용에 따라 프로젝트 성과가 어떤 영향을 받는가 분석하는 방법

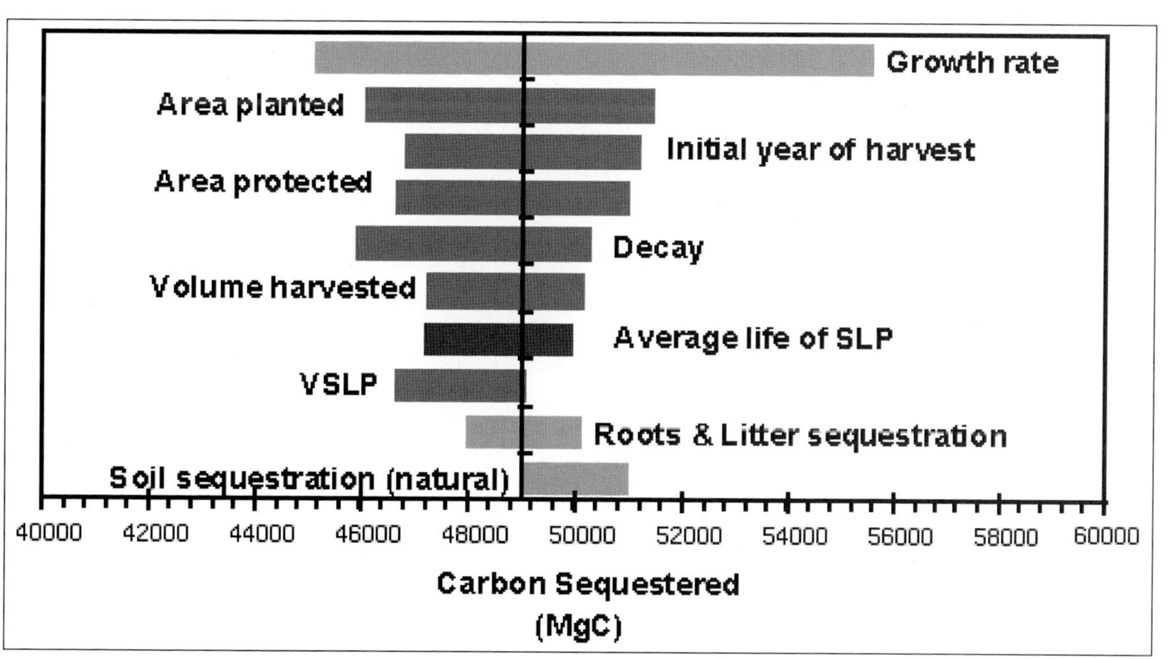

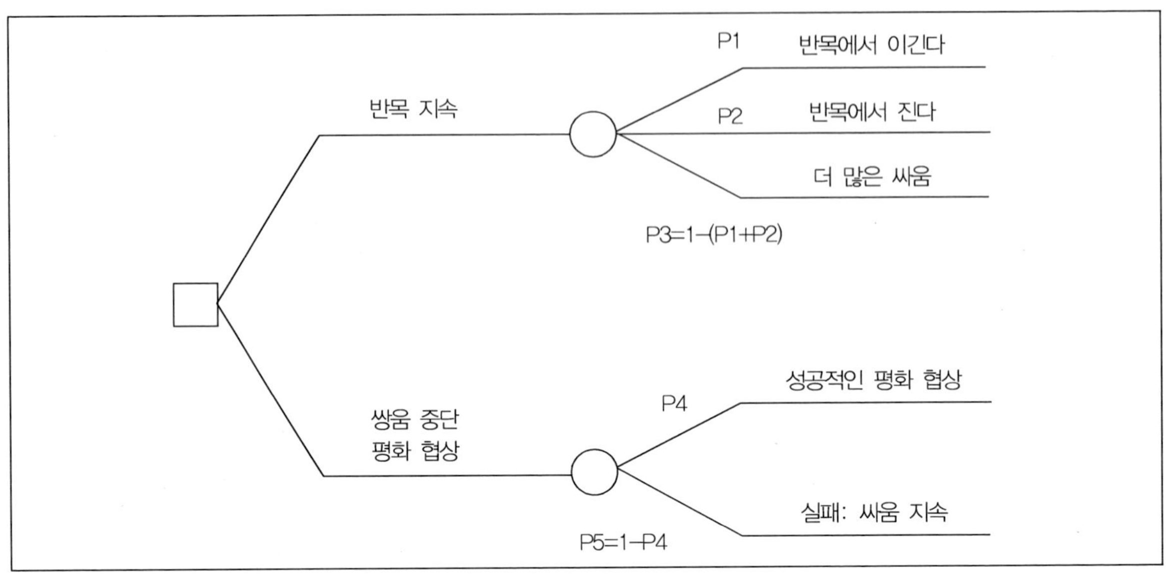

(3) 기대가치 분석(Expected Monetary Value)

- 예상되는 기댓값 분석은 발생할 수도 있고 발생하지 않을 수 있는 시나리오가 미래에 포함될 때 평균 결과를 계산하는 통제적 개념(즉, 불확실성을 전제로 분석)
- 이 유형의 분석은 일반적으로 의사결정나무 분석에서 사용

(4) 몬테카를로(Monte Carlo) 시뮬레이션

- 일정, 원가의 불확실성을 분석할 때 활용
- 난수표를 여러 번 생성하여 프로젝트 결과(총 원가 혹은 완료일)를 확률 분포로 계산
- 원가 위험 분석의 경우, WBS 또는 원가 분류체계를 시뮬레이션 모델로 사용
- 일정 위험 분석의 경우, 선후행도형법(PDM) 일정이 사용됨

5.3 정성적 위험 분석과 정량적 위험 분석 차이점

항목	정성적 위험 분석	정량적 위험 분석
개념	식별된 위험들의 영향도와 발생가능성을 기반으로 우선순위 결정	개별 위험의 확률을 계량화하고 프로젝트 원가와 일정 등에 미치는 영향력을 정량적으로 분석
평가방법	발생가능성, 영향도, 우선순위에 의한 위험 평가 및 분류	측정지표에 의한 계량화되고 수치화된 위험평가
액티비티	위험 우선순위 부여, PI 매트릭스 작성	민감도 분석, 인터뷰, 의사결정 나무 분석
산출물	PI 매트릭스, 위험 우선순위	계량화된 위험 순위, 달성 가능한 일정/원가, 목표달성 가능성

6. 위험 대응 계획 수립(Plan Risk Responses)

6.1 위험 대응 계획 수립(Plan Risk Responses) 주요 내용

프로젝트 목표에 대한 기회는 증대시키고 위협은 줄일 수 있는 대안 및 조치를 개발

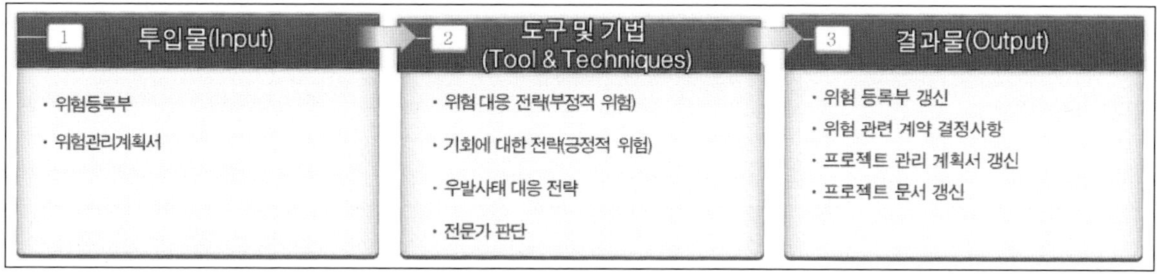

(1) 투입물(Input)

① **위험 등록부**

② **위험관리 계획서**

(2) 도구 및 기법(Tool & Techniques)

① **위험 대응전략(부정적 위험)**: 회피, 전가, 완화,수용

② **기회에 대한 전략(긍정적 위험)**: 활용, 공유, 증대, 수용

③ **우발 사태 대응전략**: 일정한 사건이 발생한 경우에만 사용하기 위한 것

④ **전문가 판단**

(3) 결과물(Output)

① **위험 등록부 갱신**

② **위험 관련 계약 결정사항**: 보험 및 서비스, 상황에 맞는 기타 상품 계약 등의 위험 전가 관련
　　결정사항

③ **프로젝트 관리 계획서 갱신**: 일정 관리 계획서, 원가 관리 계획서, 품질 관리 계획서, 조달 관리
　　계획서, 인적자원관리 계획서, 작업분류체계(WBS), 일정 기준선, 원가 성과 기준선

④ **프로젝트 문서 갱신**: 가정사항 기록부 갱신, 기술 문서 갱신 등

6.2 위험 대응전략

(1) 위험 대응전략

대응방안	설명	사례
회피(Avoid)	위험이 프로젝트에 미치는 영향력이 너무 높아 아예 발생하지 않도록 조치를 취하는 것으로 계획의 변경을 통하여 이루어짐	안정화된 기술을 사용
수용(Accept)	식별된 위험에 대하여 아무런 조치를 취하지 않는 것으로, 예방 조치를 취하지 않는 것이지 문제로 전이되어도 조치를 하지 않는 것은 아님	신기술 사용으로 진행
완화(Mitigate)	위험수준을 줄이기 위한 예방활동을 취하는 것으로 위험을 제거하기 위한 활동은 아님	기술지원 팀의 구성, 파일럿 수행
전가(Transfer)	위험에 대한 조치 책임을 다른 부서나 사람에게 넘기는 것으로 아웃소싱이 대표적인 예임	외주 전문 업체의 역할로 아웃소싱

(2) 고려사항

- 위험을 제거하는 것이 아니라, 위험을 일정수준 이하로 줄이는 것이 목표
- 위험예방은 시간과 비용이 필요한 작업이기 때문에 이를 위해, 위험완료에 대한 기준을 사전에 수립
- 모든 위험에 대응하는 것이 아니다. 일정수준 이하로 위험은수용할 수도 있음
- 위험은 상호연계 되어 있어 종합 위험 대응계획이 수립되어야 하고 위험 프로젝트 진행 중 지속적으로 변해간다.

7. 위험 감시 및 통제(Monitor& Control Risks)

7.1 위험 감시 및 통제(Monitor& Control Risks)주요 내용

프로젝트 전반에서 위험 대응 계획을 구현하고, 식별된 위험을 추적하고, 잔존 위험을 감시하고 새로운 위험을 식별하고 위험 프로세스 효과를 평가

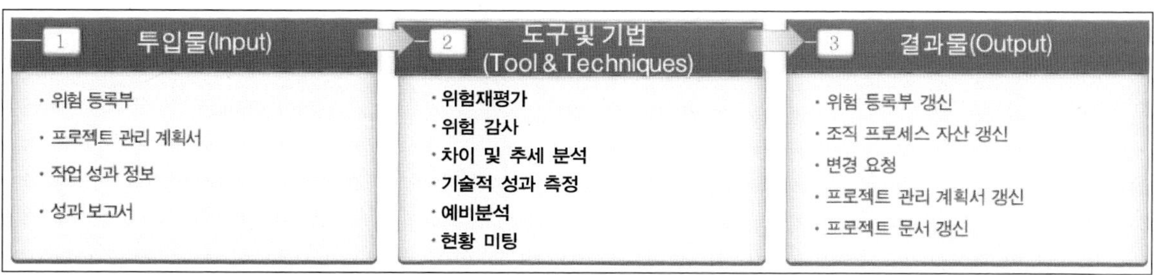

(1) 투입물(Input)

① **위험 등록부**

② **프로젝트 관리 계획서**

③ **작업 성과 정보**: 인도물 상태, 일정 진행률, 발생한 비용 등

④ **성과보고서**

(2) 도구 및 기법(Tool & Techniques)

① **위험재평가**: 위험 감시 및 통제 결과로 정기적인 일정으로 수행

② **위험감사**: 식별된 위험 및 근본 원인을 처리하는 위험 대응책의 효과와 위험 관리 프로세스 효과를 조사하여 문서화

③ **차이 및 추세 분석**

④ **기술직 성과 측정**. 프로젝트 실행 동안 기술적 성과를 프로젝트 관리 계획서의 기술적 성과 일정과 비교

⑤ **예비분석**: 프로젝트의 임의 시점에서 잔존 위험의 양을 잔존 우발사태 예비의 양과 비교함으로써 남아 있는 예비가 적합한지 여부 결정

⑥ **현황 미팅**

(3) 결과물(Output)

① **위험등록부 갱신**

② **조직 프로세스 자산 갱신**

③ **변경요청**

④ **프로젝트 관리 계획서 갱신**

⑤ **프로젝트 문서 갱신**

7.2 위험 대응통제

(1) 통제
- 위험 대응계획의 이행 여부 평가, 위험 대응계획 실행의 효과성 평가
- 프로젝트 가정의 변경 여부확인, 위험 노출도 변경사항 모니터링
- 신규 위험의 발생 여부 식별, 위험관리 대장유지

(2) 위험 대응
- Contingency Plan: 사전에 계획한 비상계획
- Contingency Reserve: Known Unknown, 사전에 식별되고 계획된 위험 조치를 위한 예비비(원가 기준선에 포함)
- Workarounds: 사전에 계획하지 않은 위험에 대한 계획
- Management Reserve: 사전에 식별되지 않은 위험처리 비용(원가 기준선에 미포함)

(3) 효용이론(Utility theory)
- 의사결정자의 위험에 대한 선호도에 따라 의사결정이 달라지는 것
(예: 사람에 따라 일정을 중요시할 수도 있고 품질을 더 중요시할 수도 있음)

PMP 임호진

프로젝트 위험은 프로젝트 목표에 대한 위협 및 이러한 목표를 증진하기 위한 기회 모두를 포함한다. 이는 모든 프로젝트에서 존재하는 불확실성에 기인한다. 알려진 위험이란, 식별되고 분석되었으며 이에 대한 계획이 가능한 위험을 말한다. 알려지지 않은 위험은, 비록 프로젝트 관리자가 과거의 비슷한 프로젝트 경험을 바탕으로 일반적인 대응 방안을 적용한다고 하더라도, 관리할 수 없다.

조직은 위험을 프로젝트 성공에 대한 위협으로 인식한다. 프로젝트를 위협하는 위험은, 만일 위험이 이를 처리함으로써 얻어질 수 있는 보상과 균형을 맞출 수 있다면, 허용할 수 있다. 예를 들어, fast-tracking 일정 채택은 완료 목표일을 앞당길 수 있는 위험이다. 기회가 되는 위험은 프로젝트 목표에 대한 이익을 위해 추구될 수 있다.

위험관리 계획을 작성한 이후 다양한 방법으로 위험을 식별한다. 예를 들어 Check List 혹은 식별 회의 등을 통하여 위험을 식별하고 이를 분석한다. 정성적 위험 분석에서는 식별된 위험의 발생가능성과 영향도를 감안하여 사전에 정의한 관리 레벨을 정하여 정량화하는 방법이다. 또한 정량적 위험 분석은 위험사건 간의 영향도 까지 고려하여 위험사건의 파급 효과 및 결과를 예상하는 기법이다. 이렇게 분석된 위험사건은 관리되어야 한다. 이를 위하여 그 대응방안을 수립해야 하는데 이 대응계획 수립을 위한 전략에 대하여 숙지해야 할 것이다. 이 전략의 학습은 한가지 사항 예를 들면 신기술 도입에 따른 위험 사건 같은 것을 적용하여 대입하는 방식으로 이해하고 숙지하면 좋은 학습 방법이 된다.

위험관리에서 또한 중요한 점은 위험은 프로젝트 전 과정을 거쳐 지속적으로 식별되고 분석되어야 한다는 것이다. 그 이유는 위험 사건은 끊임없이 변화하기 때문이다.
마지막으로 현업의 많은 사람들이 이슈와 위험에 대하여 혼용하여 사용하는 경우가 많이 있다. 하지만 위험과 이슈는 전혀 다른 개념임을 인지하자. 위험이란 아직 도래하지 않은 프로젝트에 영향을 주는 사건이지만 이슈는 이미 발생한 해결해야 하는 문제를 뜻한다.

용어사전

① **프로젝트 위험(Project Risk)**
- 본질적으로 불확실성을 내포하고 있는 위험요소, 불확실성의 예: 환율, 주가
② **위험관리(Project Risk Management)**
- 프로젝트에 긍정적 혹은 부정적 영향을 미치는 위험요인을 식별 및 분석하여 이에 대한 대응방안을 수립하기 위한 체계적 프로세스
③ **위험관리 계획**
- 위험관리 프로세스를 프로젝트에서 어떻게 수행할 것인가를 계획하는 것
- 위험의 식별, 정성/정량적 분석, 대응 계획 수립, 모니터링과 통제를 어떻게 수행할 것 인가를 구체적으로 정의
④ **위험식별(Risk Identification)**
- 다양한 유형의 방식으로 프로젝트에 영향을 미치는 위험요소들을 체크하여 최소화되도록 하는 것
⑤ **위험 분석(Risk Analysis)**
- 위험의 우선순위를 결정하는 데 있어 중요한 개념인 위험 노출도(Risk Exposure)에 의하여 위험을 분석하는 것
- 정성(qualitative)적인 방법: 주관적인 평가로 위험의 발생 가능성(likelihood, probability)과 영향력(impact, consequence)을 분석하는 것을 의미
- 정량(quantitative)적인 방법: 확률분석과 같은 방법으로 위험을 계량화하여 평가하는 것을 의미
⑥ **위험 대응계획(Risk Response Plan)**
- 위험 대응 계획수립은 무엇을, 누가, 언제, 어떻게 한다는 구체적인 계획을 포함하여야한다. 물론 프로젝트의 상황, 위험노출도, 비용대비 효과성 등을 고려하여 위험을 줄이는 계획을 수립한다는 것

∷ 핵심 문제 풀이

프로젝트 위험의 식별 및 분석을 완료한 후 위험 대응전략으로 보험, 계약이행 보증 등은 부정적 위험에 대한 대응전략은 아래의 내용 중에 어느 것에 해당되는지 선택하시오.

문제 1〉

① Avoid
② Transfer
③ Accept
④ Mitigate

정 답　②

문제풀이

- 프로젝트 위험 대응전략에서 보험, 계약이행, 보증 등의 방법은 Transfer에 해당된다.

프로젝트 수행 중에 예상하지 못하는 문제가 발생했다. 프로젝트 관리자는 성과보고서를 확인한 결과 SPI는 0.6, CPI는 0.7로 파악되었다. 프로젝트 진행 일정으로 앞으로 2년 정도의 기간이 있을 때 프로젝트 관리자가 가장 먼저 수행해야 할 것으로 올바른 것을 선택하시오.

문제 2〉

① 외부 전문가를 통하여 객관적으로 프로젝트를 평가하고 개선방안을 수립
② 프로젝트팀원 및 관계자와 회의를 통하여 대책 수립
③ 프로젝트 위험을 다시 파악하고 자원을 재배치
④ 프로젝트 일정 단축을 위한 Crashing을 수행

정 답　③

문제풀이

- SPI와 CPI 모두가 1보다 낮은 값이므로 일정과 원가 모두 성과가 좋지 않다. 그리고 프로젝트는 2년 정도의 기간을 가지고 있다면 위험을 파악하고 인력을 조정하는 자원 재배치 수행이 가장 적당하다.

아래의 내용 중에서 전체 프로젝트의 범위 관점에서 잠재 위험을 이해할 수 있도록 정리한 산출물을 선택하시오.

문제 3〉
① WBS
② 프로젝트 네트워크 다이어그램
③ 성과보고서
④ 프로젝트 범위기술서

정 답　①

문제풀이

– WBS는 프로젝트에서 수행해야 할 모든 범위를 식별할 수가 있다. 각 작업 내에 포함되어 있는 잠재적인 위험은 WBS에서 파악이 가능하다.

아래의 내용 중에서 RBS에 대해서 가장 올바르게 설명한 것을 선택하시오.

문제 4〉
① 위험에 대한 역할과 책임 정의
② 위험의 원인을 범주화 및 계층적 정의
③ 부분별 위험을 정의하고 세부적 분석결과 정의
④ 위험의 우선순위를 정의하고 분류

정 답　②

문제풀이

– RBS는 프로젝트 위험을 분류하고 위험을 정의한 것이다. 즉, 위험을 계층적으로 분류한 구조가 RBS이다.

아래의 내용은 프로젝트 위험에 대한 설명으로 가장 올바른 설명은 무엇인지 선택하시오.

문제 5〉
① 위험은 식별하고 식별과 더불어 제거한다.
② 위험은 프로젝트 부정적인 영향만을 제공한다.
③ 식별된 위험은 대응으로써 완전히 제거될 수 있다.
④ 프로젝트 진행 중 계속해서 위험의 속성은 변한다.

정 답　④

문제풀이

– 프로젝트에서의 위험은 프로젝트 기간 중에 계속적으로 발생하기 때문에 지속적으로 관리 통제를 수행해야 한다. 또한 위험에 대응을 수행하였다면, 대응으로 발생될 수 있는 파생위험과 남아 있는 잔여위험에 대한 관리를 수행해야 한다.

장기간의 프로젝트에 대해서 위험요소를 시뮬레이션 기법을 통하여 분석하고 그 결과를 파악했다. 아래의 내용으로 가장 적당한 것을 선택하시오.

문제 6〉
① 위험 대응 계획 수립
② 정량적 위험 분석
③ 정성적 위험 분석
④ 위험 감시 및 통제

정 답　②

문제풀이

– 시뮬레이션 기법은 위험이 발생했을 때 영향도를 수치화시키는 정량적 위험 분석기법 중 하나이다.

아래의 프로젝트 위험 분석 기법 중에서 정성적 위험 분석 기법에 해당되는 것을 선택하시오.

문제 7〉
① 위험 확률과 영향력 평가
② 위험 전가
③ 체크리스트 분석
④ 시뮬레이션

정 답　①

문제풀이

– 정성적 위험 분석기법은 위험 발생 확률과 영향력을 평가해서 위험에 대해서 우선순위를 부여하는 방법이다.

프로젝트 위험관리 활동에서 위험등록부가 필요하지 않는 단계는 무엇인지 선택하시오.

문제 8〉
① 위험 식별
② 위험 관리 및 통제
③ 정량적 위험 분석
④ 위험 대응 계획

정 답　①

문제풀이

– 위험 등록부는 위험에 대한 범주와 위험 목록을 포함한다. 위험 등록부는 위험 식별 단계에서 만들어지는 산출물이지 위험식별을 할 때 필요한 것은 아니다.

프로젝트 위험을 식별하고 있다. 프로젝트 관리자는 위험 식별 시에 WBS를 참고하라고 지시했다. 그 이유로 가장 올바른 것은 무엇인지 선택하시오.

문제 9〉

① 프로젝트 과업 범위에 포함되어 있는 잠재적 위험 식별
② 내부적 위험요소를 파악
③ 인터페이스 위험과 의사소통에서 발생되는 위험을 파악
④ 책임과 역할을 파악하여 위험 담당자를 지정

정 답　①

문제풀이

– 위험 식별 시에 WBS를 참고하는 이유는 과업 범위에 포함되는 잠재적인 위험을 파악하기 위해서이다.

아래의 위험 분석결과를 참조하여 관리 위험을 선정하여 변화를 관리해야 한다면 어떤 것을 선택해야 하는가?

위험 항목	발생확률	영향력	발생단계
인터페이스 문제	4	4	데이터 이관
비정상 종료	2	5	시스템 기동
사용자들의 거부감	4	2	소프트웨어 설치
하드웨어 오작동	1	5	서버 설치

문제 10〉

① 인터페이스 문제
② 비정상 종료
③ 사용자들의 거부감
④ 하드웨어 오작동

정 답　③

문제풀이

– 위의 예제에서 보면 발생 확률과 영향력으로 보면 데이터 이관이 가장 큰 문제이다. 하지만 변화를 관리해야 한다면 사용자들의 거부감이 더 큰 위험이 될 수 있다.

프로젝트 일부 모듈을 공급하는 업체가 도산되기 전에 타 업체와 계약을 통하여 위험에 대응하는 위험 대응전략은 무엇인지 선택하시오.

문제 11〉　① 제거
　　　　　② 전가
　　　　　③ 완화
　　　　　④ 수용
정 답　①

– 위의 지문은 위험제거에 대한 대응전략의 예이다.

위험관리 계획서 작성 시에 위험관리 계획서에 없어도 되는 항목은 무엇인지 선택하시오.

문제 12〉　① 위험 허용도
　　　　　② 위험관리 방법론
　　　　　③ 위험 분류
　　　　　④ 우발적 사태 계획
정 답　④

– 위험관리 계획서는 위험관리 방법론, 위험 허용도, 위험 분류 등의 내용을 포함한다.

아래는 위험 등록부의 예제이다. 이러한 위험등록부는 어느 단계에서 수행한 것인지 선택하시오.

분류	위험항목	발생확률	영향력	우선순위	대응계획수립여부	비고
내부위험	인터페이스 표준	3	2	4	미수립	즉시 조치 예정
	조직통합	3	2	4	미수립	문서화 후 모니터링
	일정지연	2	1	5	미수립	
외부위험	협력업체 파산	3	5	2	수립	
	전문가 평가 지연	2	4	3	수립	

문제 13〉

① 정량적 위험 분석　　② 정성적 위험 분석
③ 위험 식별　　④ 위험 대응 계획수립

정 답　②

문제풀이

– 위의 위험 등록부를 확인해보면 발생확률, 영향력, 우선순위를 파악할 수 있고 이러한 작업은 정성적 위험 분석 활동이다.

프로젝트 관리자가 위험을 분류하여 계획을 수립하고자 할 때 필요한 정보를 제공하는 문서는 무엇인가?

문제 14〉　① 위험관리 계획서
② 위험 대응 계획서
③ 품질관리 계획서
④ 작업 명세서

정 답　①

문제풀이

– 프로젝트 관리자가 위험을 분류하고 계획을 수립할 때 참고할 것은 위험관리 계획서이다.

정성적 위험 분석 수행 결과 위험 등록부에 등록되는 내용으로 틀린 것을 선택하시오.

문제 15〉
① 위험목록
② 우선순위
③ 위험 분류
④ 원가대비 목표달성률

정 답　④

문제풀이

– 정성적 위험 분석은 위험목록, 발생확률, 영향력을 파악하고 위험에 대해서 우선순위를 결정한다. 이러한 작업을 하기 위해서는 위험 분류도 포함되어야 한다. 하지만 원가대비 목표달성률을 성과측정에 해당되는 내용이다.

참여자들이 자유롭게 모여서 의견을 수렴하는 형태의 위험식별은 무엇에 해당되는지 선택하시오.

문제 16〉
① 브레인스토밍
② 인터뷰
③ 델파이기법
④ 모수에 의한 기법

정 답　①

문제풀이

– 자유로운 분위기에서 프로젝트팀원들에게 많은 아이디어를 확보하는 방법은 브레인스토밍이다. 이러한 브레인스토밍은 요구사항을 파악하기 위해서 사용될 수도 있고 위험을 식별하기 위해서 사용될 수도 있다.

사전에 미리 정해진 조건이 발생하면 계획된 위험 대응전략을 수행하는 것을 무엇이
라고 하는지 선택하시오.

문제 17〉　① 위험관리 계획
　　　　　② 시정조치 계획
　　　　　③ 예방조치 계획
　　　　　④ 우발사태 계획

정　답　④

문제풀이

– 우발사태 계획이란 사전에 미리 정해진 조건이 발생하면 계획된 위험 대응전략을 수행하는 것을 의미한다.

프로젝트 관리자는 위험식별을 위한 정보수집 방법으로 틀린 것을 선택하시오.

문제 18〉　① 델파이 기법
　　　　　② 인터뷰
　　　　　③ SWOT 분석
　　　　　④ 몬테카를로의 시뮬레이션

정　답　④

문제풀이

– 몬테카를로의 시뮬레이션은 정량적 위험 분석 기법에 해당된다.

아래의 내용 중에서 프로젝트의 위험을 고려하여 일정 계획을 수립하는 기법은 무엇인지 선택하시오.

문제 19〉

① CPM
② Critical Chain
③ PERT
④ PDM

정 답　③

문제풀이

– PERT라는 활동 기간 추정법은 경험이 없고, 위험이 높은 프로젝트에서 3점으로 활동 기간을 추정하는 방법이므로 위험을 고려한다고 말할 수 있다.

아래의 항목 중에서 위험관리 계획서에 있어야 하는 항목으로 가장 올바르지 않은 것을 선택하시오.

문제 20〉

① 위험관리 역할과 책임
② 위험 식별 방법
③ 정량적 위험 분석의 발생 확률과 위험의 영향력 판정 기준
④ 위험에 대한 대응 계획

정 답　③

문제풀이

– 위험관리 계획서는 위험관리 방법론, 위험관리 조직의 역할과 책임, 위험식별 방법 및 대응계획을 포함한다.

고객측면에서 범위, 일정, 원가, 품질에서 가장 지속적으로 영향을 발생시키는 위험은
무엇인지 선택하시오.

문제 21〉

① 범위
② 일정
③ 원가
④ 품질

정 답　④

문제풀이

– 고객입장에서 가장 지속적인 위험은 품질에 대한 위험이다.

아래의 위험관리 프로세스 중 올바른 것을 선택하시오.

문제 22〉

① 식별 → 수치화 → 대응 계획수립 → 모니터링과 통제
② 식별 → 정량적 위험 분석 → 정성적 위험 분석 → 모니터링과 통제
③ 위험 평가 → 식별 → 대응 계획 수립 → 모니터링과 통제
④ 대응 계획 수립 → 식별 → 위험 평가 → 모니터링과 통제

정 답　①

문제풀이

– 프로젝트 위험관리 프로세스는 위험계획, 위험식별, 위험 분석, 위험 대응, 모니터링과 통제로 이루어진다.

프로젝트 관리자 홍길동군은 위험 발생 가능성 최소화에 대한 대응방안을 수립했다. 본 대응 방안에 대해서 책임자를 지정하는 단계를 선택하시오.

문제 23〉　① 위험 식별
　　　　　② 정성적 위험 분석
　　　　　③ 정량적 위험 분석
　　　　　④ 위험 대응 계획 수립

정 답　④

문제풀이

– 위험 대응 계획 수립은 식별되고 분석된 위험에 대한 대응방안을 수립하고 각 대응에 대한 역할과 책임을 명확히 한다.

프로젝트 수익률에 영향을 미치는 요인을 분석할 때 어떤 기법을 사용하는 것이 가장 바람직한지 선택하시오.

문제 24〉　① PERT분석
　　　　　② 민감도 분석
　　　　　③ 벤치마킹
　　　　　④ 델파이

정 답　②

문제풀이

– 민감도 분석은 정량적인 위험 분석 기법으로 한 변수를 고정하고 다른 변수를 변경할 경우 고정된 변수에 어떤 영향이 있는지 수치화시키는 분석기법으로 수익률 변수를 고정하고 수익률에 영향을 미치는 변수를 변경하여 분석할 수가 있다.

프로젝트 위험관리 계획서 작성 시에 포함되어야 할 항목으로 가장 적당한 것을 선택하시오.

문제 25〉

① 조직 문화, 책임과 역할 정의서, WBS
② 위험 임계치, 위험 허용도, 위험 평가기준
③ 원가 계획서, 프로젝트 범위기술서
④ 성과보고서, 프로젝트 관리 계획서, 변경요청서

정 답   ③

문제풀이

– 프로젝트 위험관리 계획서에 포함되어야 할 것은 원가 및 범위에 대한 정보이다.

STEP 10

프로젝트 조달 관리

1. 프로젝트 조달 관리(Project Procurement Management)개요

프로젝트 외부로부터 필요한 제품, 서비스 혹은 결과를 구매하거나 획득하기 위한 프로세스

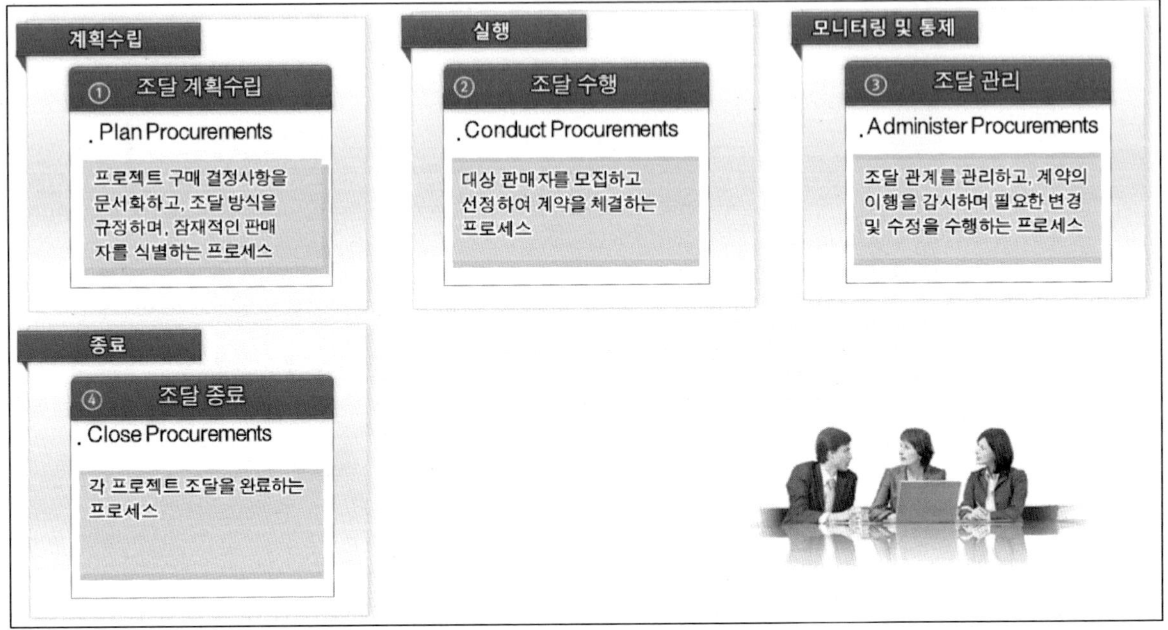

2. 조달 계획수립(Plan Procurements)

2.1 조달 계획수립(Plan Procurements)주요 내용

프로젝트 구매 결정사항을 문서화하고, 조달 방식을 규정하며, 잠재적인 판매자를 식별하는 프로세스

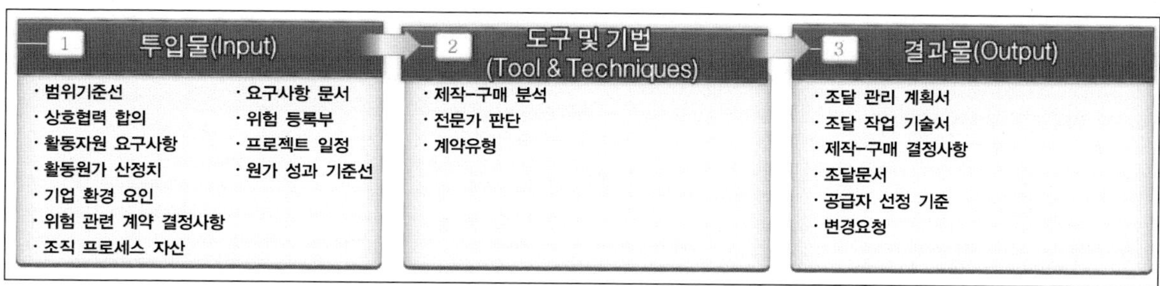

(1) 투입물(Input)

① **범위기준선**: 범위기술서, 작업분류체계(WBS), WBS사전

② **상호협력 합의**

③ **활동 자원 요구사항**

④ **활동 원가 산정치**

⑤ **기업 환경 요인**

⑥ **위험 관련 계약 결정사항**

⑦ **조직 프로세스 자산**

⑧ **요구사항 문서**

⑨ **위험 등록부**

⑩ **프로젝트 일정**

⑪ **원가 성과 기준선**

(2) 도구 및 기법(Tool & Techniques)

① **제작-구매 분석**: 특정 작업을 프로젝트팀이 수행하는 것이 최상인지 외부로부터 구매할지 여부를 결정하는 관리기법

② **전문가 판단**

③ **계약 유형**

④ **고정가(FP) 계약**
- 확정고정가(FFP) 계약, 성과급가산고정가(FPIF)계약
- 가격조정조건부 – 고정가(FP – EPA) 계약

⑤ **원가정산 계약**
- 고정수수료가산원가(CPFF)계약
- 성과급가산원가(CPIF)계약
- 보상금가산원가(CPAF) 계약
- 시간자재(T&M)계약

(3) 결과물(Output)

① **조달 관리 계획서**: 조달 문서 개발부터 계약 종결에 이르기까지 조달 프로세스를 관리하는 방법 기술

② **조달 작업 기술서**: 프로젝트 범위 기준선으로부터 개발되며, 프로젝트 범위에서 관련 계약 안에 포함되는 부분만을 정의

③ **제작 – 구매 결정사항**

④ **조달문서**

⑤ **공급자 선정 기준**: 요구 조건에 대한 이해도, 전체 원가, 기술적 역량, 위험 등이 선정 기준의 예

⑥ **변경요청**

2.2 계약의 유형

(1) 확정가 계약(Fixed Price)
- 업무범위가 명확할 때, 잘 알려진 제품이나 서비스 공급 계약의 경우에 사용, 공급자 위험부담이 가장 높음
- 제품이 정확히 표기되어 있지 않으면 구매자, 발주자, 협력업체 모두에게 위험
- 업무범위 정의를 위해 공급자의 시간과 비용 발생

(2) 원가정산계약(Cost Reimbursable)
- 실제로 소요된 비용을 청구하는 형태
- 비용(원가)은 직접비와 간접비로 구분하며, 일반적으로 간접비는 직접비에 비한 백분율(%)로 계산

(3) 혼합형 계약(Time & Material)

- 기본단가(확정) * 발생시간(개수), 원가정산과 확정가 계약의 혼합형태
- 긴급하게 계약을 체결하여야 하는 경우, 프로젝트 규모가 작을 때

계약 유형		내용	사례
원가 정산(CR)	CPPC (Cost Plus Percentage of Cost)	- 발생한 원가와 원가의 적정이윤을 비율로 보장함 - 발주자 입장에서 위험부담이 가장 높음	Cost + 10% of Cost
	CPFF (Cost Plus Fixed Fee)	- 발생한 원가와 확정된 이윤을 보장	Cost + Fee(1,000만 원)
	CPIF (Cost Plus Incentive Fee)	- 발생한 원가와 목표달성에 대한 인센티브 보장	Cost + Fee(1,000만 원) + 조기달성 시 500만 원 인센티브
확정가(FP)	FPIF (Fixed Price Incentive Fee)	- 확정된 금액에 목표달성인센티브 추가 보장	9,000만 원 + 조기달성 시 500만 원 인센티브
	FP (Fixed Price)	- 확정금액 보장 - 공급자 입장에서 위험부담이 가장 높음	확정금액 900만 원
혼합형(T&M)		단가기준	20MM * 단가 600만 원

3. 조달 수행(Conduct Procurements)

조달 관계를 관리하고, 계약의 이행을 감시하며 필요한 변경 및 수정을 수행하는 프로세스

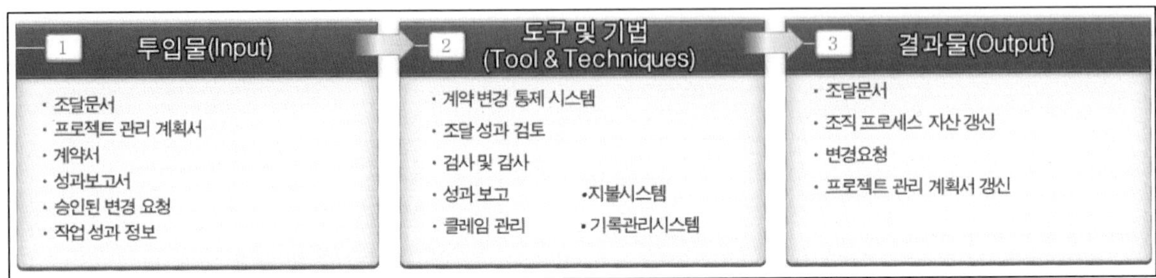

(1) 투입물(Input)

① **조달문서**

② **프로젝트 관리 계획서**

③ **계약서**

④ **성과보고서**

⑤ **승인된 변경요청**

⑥ **작업 성과 정보**

(2) 도구 및 기법(Tool & Techniques)

① **계약 변경 통제시스템**: 조달을 수정할 수 있는 프로세스 정의

② **조달 성과 검토**

③ **검사 및 감사**

④ **성과 보고**

⑤ **클레임 관리**: 이의가 제기된 변경을 클레임(분쟁, 항의)이라 하며, 계약 조건에 따라 문서화, 처리, 감시 및 관리된다.

⑥ **지불시스템**

⑦ **기록관리시스템**: 프로젝트 관리자가 계약서, 조달문서 및 기록을 관리하기 위해 사용

(3) 결과물(Output)

① **조달문서**: 조달 계약서, 승인되지 못한 계약 변경, 승인된 변경요청 등 포함

② **조직 프로세스 자산 갱신**: 의사소통 서신, 지불 일정 및 요청, 판매자 성과 평가서 등 갱신

③ **변경요청**

④ **프로젝트 관리 계획서 갱신**: 조달 관리 계획서, 일정 기준선

4. 조달 종료(Close Procurements)

각 프로젝트 조달을 완료하는 프로세스

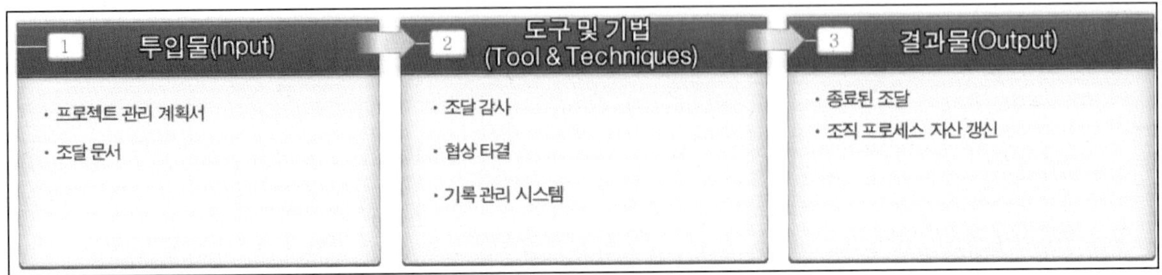

(1) 투입물(Input)

① 프로젝트 관리 계획서

② 조달문서

(2) 도구 및 기법(Tool & Techniques)

① 조달 감사: 조달의 성공과 실패 여부를 확인하고 현재 프로젝트 또는 수행조직 내 다른 프로젝트에 대한 다른 조달 계약 준비 또는 관리를 승인하기 위한 것

② 협상 타결

－ 미결 이슈, 클레임 및 분쟁은 협상을 통해 공정하게 최종 타결하는 것

－ 직접적인 협상, 중재, 조정 등의 대안적 분쟁 해결(ADR), 법정 소송 등이 있음

③ 기록 관리 시스템

(3) 결과물(Output)

① 종료된 조달: 일반적으로 권한이 부여된 조달 관리자를 통해 계약이 완료되었음을 알리는 공식적인 통지서를 판매자에게 전달 후 종료

② 조직 프로세스 자산 갱신: 조달 파일, 인도물 수용, 교훈 문서 등 갱신

PMP 임호진

프로젝트 조달 관리는 프로젝트 범위를 달성하기 위해, 프로젝트 수행조직의 외부로부터 상품과 서비스를 획득하기 위해 필요한 프로세스를 포함한다. 간단히 말하면, 상품 및 서비스는 하나 또는 얼마나 많든지 간에 일반적으로 제품(product)으로 언급될 것이다.

프로젝트 조달 관리는 구매자 - 판매자(buyer - seller) 관계에서 구매자의 관점에서 논의된다. 구매자 - 판매자 관계는 프로젝트의 많은 단계에서 존재할 수 있다. 응용 분야에 따라, 판매자는 부계약자(subcontractor), 제공자(vendor) 또는 공급자(supplier)라고 불릴 수 있다.

이 단원에서는 기출 문제가 거의 없었던 단원이다. 다뤄진 내용 중 특히 계약 유형 및 그에 따른 이해 당사자간의 입장에 대하여 잘 숙지해 놓기 바란다.

:: 핵심 문제 풀이

<table>
<tr><td>문제 1〉</td><td>프로젝트 진행 도중에 미처 생각하지 못한 개인정보보호에 관한 법률이 제정되었다. 프로젝트 관리자는 이 부분에 대해서 긴급하게 컨설턴트에게 의뢰하기로 결정했을 때 이러한 경우 컨설턴트와의 계약은 어떤 계약이 적당한지 선택하시오.

① 성과급 가산 원가 계약
② 확정 고정가 계약
③ 시간－자재 계약
④ 가격조정 조건부 고정가 계약</td></tr>
<tr><td>정 답</td><td>③</td></tr>
</table>

문제풀이

– 프로젝트 수행 중에 임시 동안 컨설턴트를 사용할 것이므로 시간 자제 계약이 적당하다. 이것은 흔히 MM(Man Month)을 산정하여 단가를 곱해서 비용을 지급하는 방식이다.

<table>
<tr><td>문제 2〉</td><td>대금 청구를 위해서 공급업체가 높은 수준의 회계시스템을 요구한다. 이러한 형태의 계약은 무엇인지 선택하시오.

① 확정 고정가 계약
② 단가 가격 계약
③ 원가정산 계약
④ 시간－자재 계약</td></tr>
<tr><td>정 답</td><td>③</td></tr>
</table>

문제풀이

– 높은 수준의 정보 시스템을 요구하는 경우에 적당한 계약은 원가정산 계약이다. 즉, 높은 수준의 정보 시스템의 투입원가를 파악하고 정산하는 것이다.

특정 부분에 HTML Version 5 기술을 사용하기로 했을 때 일주일 정도 작업이 예상된다. 이렇게 짧은 기간 동안 전문가를 투입 시 계약형태로 가장 올바른 것을 선택하시오.

문제 3〉　① 단가가격 계약
　　　　　② 성과급 가산 원가 계약
　　　　　③ 시간-자재 계약
　　　　　④ 원가비례 수수료 가산 원가계약

정 답　③

문제풀이

– 짧은 기반 동안 전문가 투입은 시간 자재 계약형태가 적당하다. 즉. 투입인력에 대한 MM(Man Month)을 산정하고 단가를 곱해서 비용을 지급한다.

계약 수행을 위해서 공급자가 투입한 원가 모두를 공급자 책임으로 전환하는 지점을 무엇이라고 하는지 선택하시오.

문제 4〉　① Target service
　　　　　② Target price
　　　　　③ Point of total assumption
　　　　　④ Celling price

정 답　③

문제풀이

– Point of total assumption은 공급자가 투입한 원가 모두를 공급자 책임으로 전환하는 지점이다.

프로젝트 초기에 규모를 추정하기 어려워서 계약 종료 시 사용량에 기반으로 정산을 하기로 했다. 이러한 계약방식이 무엇인지 선택하시오.

문제 5〉
① 시간-자재 계약
② 원가정산 계약
③ 고정가 계약
④ 일괄총액 계약

정 답 ①

문제풀이

– 사용량 기반의 정산은 시간 자재 계약에 해당된다.

아래의 내용 중에서 비용 상환가와 동일한 계약형태를 무엇이라고 하는지 선택하시오.

문제 6〉
① Fixed price
② Time and Material
③ Lump sum
④ Cost plus

정 답 ④

문제풀이

– Cost Plus 계약은 비용 상환가와 동일한 계약이다.

	아래의 내용에서 수요자 관점에서 위험이 가장 높은 계약형태가 무엇인지 선택하시오.

문제 7〉
① 시간-자재 계약
② 성과급 가산 고정가 계약
③ 원가비례 수수료 가산 원가 계약
④ 성과급 가산 원가 계약

정 답   ③

문제풀이

– 수요자 입장에서 가장 위험이 낮은 것은 고정가 계약이고 위험이 높은 것은 원가 비례계약형태이다.

문제 8〉
아래의 내용에서 제품이나 서비스를 외부업체에 조달할지 여부를 결정할 때 고려사항에 해당되지 않는 것을 선택하시오.

① 요구사항, 프로젝트 일정, 상호협력 합의
② 제안요청서, 제안서, 업체 선정 기준, 계약형태
③ 시장 상황, 잠재 공급 가능 업체
④ 위험, 범위 기준선, 자원 요구사항

정 답   ②

문제풀이

– 외부업체 조달 여부를 결정할 때 제안요청서, 제안서, 업체선정 기준, 계약형태는 필요가 없다. 이것은 조달 여부를 결정한 다음에 나타나는 결과이다.

프로젝트 발주를 위해서 제안요청서를 작성하기로 했다. 이러한 경우 제안요청서 작성은 누구에 책임인지 선택하시오.

문제 9〉　① 수요자 작성
　　　　② 공급자 작성
　　　　③ 향후 예상되는 프로젝트 관리자
　　　　④ ISP 컨설턴트

정 답　①

문제풀이

– 제안 요청서의 책임과 작성은 수요자(발주기관)가 작성한다.

아래의 내용 중에서 조달관리 계획서 작성 시에 포함되지 않아도 되는 것은 무엇인지 선택하시오.

문제 10〉　① 계약 체결 과정 및 승인 절차
　　　　② 조달 작업 기술서 양식 및 조달 작업 작성방법
　　　　③ 사용 계약의 종류, 예정가격 산정방법
　　　　④ 조달, 계약관리 교훈

정 답　④

문제풀이

– 조달 관리 계획서는 조달 작업 기술, 작업방법, 계약 및 예정가, 계약에 대한 정보를 포함한다. 하지만 조달과 계약관리 교훈은 포함되지 않는다. 특히 계약관리 교훈은 조달 종료 시에 작성한다.

프로젝트 제안 가격 산정을 위해서 예상 가격을 사전에 산정하는 것을 무엇이라고 하는지 선택하시오.

문제 11〉　① 전문가 감정
　　　　　② 유사 산정
　　　　　③ 독립 산정
　　　　　④ 상향식 산정

정 답　③

문제풀이

– 독립산정이란 프로젝트 제안 가격 산정을 위해서 예상가격을 사전에 산정하는 것을 의미한다.

제안 요청서에서 국내 GS인증을 보유한 업체만 입찰참여가 가능하고 입찰가격은 1억으로 제한시켰다. 위와 같은 업체 선정방법을 무엇이라고 하는지 선택하시오.

문제 12〉　① 가중평가 시스템, 고정 가격
　　　　　② 스크리닝 시스템, 실비정산
　　　　　③ 가중평가 시스템, 원가 정산
　　　　　④ 스크리닝 시스템, 독립 산정

정 답　④

문제풀이

– 참여 업체를 제안한 것은 스크리닝 시스템이고 1억이라는 금액은 독립 산정을 의미한다. 즉 예정가를 나타낸다.

구매 담당자에게 5건의 견적서와 제출되어서 검토하고 있다. 현재 구매 담당자는 어떠한 것을 하고 있는 것인지 선택하시오.

문제 13〉 ① 조달 계획 수립
② 조달 관리
③ 조달 수행
④ 조달 종료

정 답 ②

문제풀이

– 견적서 검토는 조달 관리에서 수행한다.

아래의 내용 중에서 발주자만 하는 활동을 선택하시오.

문제 14〉 ① 입찰가격 산정
② 예정가격 산정
③ 제안서 작성과 제출
④ 계약 협상

정 답 ②

문제풀이

– 조달의 예정가격에 대한 산정은 발주자가 수행해야 하는 활동이다.

아래의 계약관리 프로세스 산출물로 틀린 것을 선택하시오.

문제 15〉

① 공문
② 지불 일정 및 요청
③ 승인된 변경요청
④ 성과 평가 문서

정 답   ③

– 계약관리에서는 승인된 변경요청은 포함되지 않는다.

인센티브를 보장하는 CPIF 계약을 체결할 때 실제 투입 원가가 700,000원일 경우 최종 가격은 얼마인지 선택하시오.

총비용	1,000,000원
세금	100,000원
총가격	1,100,000원
공유 비율	80/20

문제 16〉

① 700,000
② 800,000
③ 860,000
④ 1,000,000

정 답   ③

– 실제 투입원가가 70만 원이고 총 비용이 100만 원이다. 이때 인센티브 비율이 20%이다.
  즉, 100만 원 – 70만 원 = 30만 원의 20%가 인센티브 금액이 된다. 여기서 70만 원에 세금 10만 원을 합산하면 80만 원 + 6만 원이 최종 가격이 된다.

FPIF 방식으로 계약을 체계했다. 계약 조건은 아래와 같다. 계약 종료 시까지 실제 투입한 총 원가가 550,000원이었을 때 공급자의 이익은 얼마인지 선택하시오.

총비용	250,000원
수수료	50,000원
총가격	400,000원
판매가격	450,000원
공유 비율	60/40 (목표원가보다 적게 투입한 경우) 100/0 (목표원가보다 많이 투입한 경우)

문제 17〉

① 0
② 10,000
③ 20,000
④ 30,000

정 답　①

문제풀이

– 고정가에 인센티브 계약을 수행했다. 하지만 총 원가가 총 비용보다 많이 발생하였으므로 이익은 0원이다. 원가가 얼마든 고정가 계약이고 목표를 달성못했으므로 인센티브도 없다.

아래의 내용 중에서 프로젝트 조달 계획 수립 시 활동에 해당되지 않는 것을 선택하시오.

문제 18〉

① 공급자 파악
② 계약형태 결정
③ 외부조달 혹은 내부조달 결정
④ 조달 계약 협상

정 답　④

문제풀이

– 조달 계획 수립 시에 조달 계약 협상은 해당되지 않는다.

- PMP 학습 테스트 -

아래의 내용 중에서 프로젝트만의 고유한 특징이 아닌 것은 무엇인지 선택하시오.

문제 1〉
① 자원 제약성
② 고유성
③ 한시성
④ 점진적 상세화

정 답   ①

문제풀이

– 프로젝트는 고유성, 한시성, 점진적 상세화의 특징을 가지고 자원 제약성은 프로젝트와 운영의 공통적인 특성이다.

아래의 내용 중에서 WBS(Work Breakdown Structure)에 대한 설명으로 올바르지 않은 것을 선택하시오.

문제 2〉
① WBS를 통해서 작업에 있는 잠재 위험 파악
② WBS에 없는 작업은 범위가 아님
③ WBS 최하위를 WBS Dictionary라고 함
④ Scope Creep을 예방할 수 있는 도구

정 답   ③

문제풀이

– WBS의 최하위는 2단위 작업(80시간)으로 분해한 Work Package임

대규모 차세대 시스템 프로젝트 관리자 선정 시에 고려해야 할 사항으로 가장 올바른 것은 무엇인가?

문제 3〉
① 인력의 개인스킬
② 프로젝트 관리자의 리더십
③ 프로젝트 관리 방법론 학습
④ 의사소통 및 통합능력

정 답 ④

문제풀이

– 프로젝트 규모가 큰 프로젝트이면 많은 인력이 투입되고 많은 이해 관계자가 존재하므로 의사소통 및 통합능력이 중요하다.

아래의 내용 중에서 프로젝트 계획서에 포함되지 않아도 되는 것은 무엇인지 선택하시오.

문제 4〉
① WBS
② 마일스톤
③ 프로젝트 헌장
④ 프로젝트 선정 방법

정 답 ④

문제풀이

– 프로젝트 선정 방법은 전혀 관계가 없는 내용으로 프로젝트가 여러 개 있을 경우 선택하는 방법이다.

아래의 내용은 의사소통 채널에 대한 설명이다. 틀린 것을 선택하시오.

문제 5〉

① 의사소통은 단방향으로 진행함
② 매트릭 조직에서 공식적인 의사소통 채널보다 비공식적인 의사소통 채널이 더욱더 중요함
③ 프로젝트팀원들 간의 의사소통 채널도 중요함
④ War Room을 만들어 진행하는 것이 좋음

정 답　①

문제풀이

– 프로젝트 의사소통은 양방향으로 진행된다.

행정종료와 계약 종료의 차이점으로 가장 올바른 것을 선택하시오.

문제 6〉

① 계약 종료 시에 제품검증이 포함
② 프로젝트 이관도 계약 종료의 하나임
③ 행정종료에 조달 감사도 포함됨
④ 행정종료는 계약종료를 포함함

정 답　①

문제풀이

– 계약 종료 시에 제품검증이 포함된다.

계약종료
프로젝트의 일부인 계약의 종료에 초점을 둠
프로젝트와 연관된 계약의 종료
Procurement Audits(조달심사)
계약과 관련한 기록에 대한 분류화 및 정리

행정종료
프로젝트나 프로젝트 단계의 종료에 초점을 둠
프로젝트 결과 및 기록의 수집
프로젝트의 성공과 실패에 대한 분석
lessons Learned 정리
향후 프로젝트를 위한 기록 및 관리

프로젝트 종료에서 주요 산출물과 성과를 검토하는 것이 아닌 것은 무엇인지 선택하시오.

문제 7〉

① Milestones
② Stage gates
③ Kill Points
④ Phase exits

정 답　①

– 산출물 검토를 Kill Points, Stage gates, Phase exits가 존재한다. 이것은 각 단계를 검토하고 계속 진행할 것인지 말 것인지를 결정한다.

프로젝트 관리자가 의사소통을 위해서 할당하는 시간으로 맞는 것은 무엇인가?

문제 8〉

① 50%
② 60%
③ 70%
④ 90%

정 답　④

– 프로젝트 관리자는 의사소통을 위해서 90% 정도를 사용한다.

아래의 내용 중에서 위험 대응전략의 결과물로 맞는 것을 선택하시오.

문제 9〉

① Secondary Risks
② Workaround Plan
③ Risk Management Plan
④ Time Objectives

정 답　　①

문제풀이

– 위험 관리 계획의 결과물은 Secondary Risks이다.

SOW에 명시된 대로 판매자는 모든 작업을 완료했다. 하지만 구매자는 만족을 못한다면 어떻게 되는 것인가?

문제 10〉

① 계약 보류
② 계약 무효
③ 계약 이행
④ 계약 변경

정 답　　③

문제풀이

– SOW의 작업을 완료했다면 계약 이행에 해당된다.

아래의 내용 중에서 프로젝트 3대 제약요소는 무엇인지 선택하시오.

문제 11〉
① 일정, 원가, 품질
② 범위, 원가, 일정
③ 품질, 원가, 생산
④ 범위, 일정, 조직

정 답　②

문제풀이

– 프로젝트 3대 제약요소는 범위, 일정, 원가이다.

아래의 내용 중에서 Control Account 설명으로 틀린 것을 선택하시오.

문제 12〉
① Work Package는 여러 개의 통제단위와 연결됨
② Control Account는 조직 구성 단위와 연결될 수 있음
③ 성과 통제가 지정되는 관리통제 지점
④ 하나 이상의 Work Package 포함

정 답　①

문제풀이

– 하나의 Control Account는 하나의 Work Package가 포함될 수 있음
　Work Package는 하나의 Control Account와만 연결됨

아래의 내용 중에서 프로젝트팀 개발 프로세스의 결과물을 선택하시오.

문제 13〉

① 자원 관리 계획
② 위험 관리 계획
③ 인센티브
④ 팀 성과 평가

정 답　④

‑ 팀 개발 프로세스의 결과물은 팀 성과 평가이다.

WBS에 번호를 부여하는 이유로 적당한 것을 선택하시오.

문제 14〉

① 프로젝트 관리 사용성을 높임
② 원가산정
③ 각 요소의 계층구조를 확인
④ PIMS 활용

정 답　③

‑ WBS의 각 계층구조를 쉽게 파악하기 위해서 사용된다.

<table>
<tr><td rowspan="2">문제 15〉</td><td>킥오프를 하는 이유로 틀린 것을 선택하시오.

① 프로젝트 비전과 목표 공유
② 이해 관계자 소개
③ 프로젝트팀원의 동기부여
④ 예산 결정</td></tr>
<tr><td>정 답   ④</td></tr>
</table>

문제풀이

– 킥오프 미팅은 예산과 관련된 내용은 하지 않는다.

<table>
<tr><td rowspan="2">문제 16〉</td><td>프로젝트 계획 수립에 대한 설명으로 가장 올바르지 않은 것은 무엇인지 선택하시오.

① 프로젝트 계획은 의사소통 관리 계획서의 정보배포로 공유
② 프로젝트 관리 계획은 한번에 수행됨
③ 일정, 원가의 근간은 범위를 나타내는 WBS
④ 계획변경은 반드시 성과측정 기준선에 반영되는 것은 아니다.</td></tr>
<tr><td>정 답   ②</td></tr>
</table>

문제풀이

– 프로젝트 관리 계획은 프로젝트가 진행되는 동안 지속적으로 수행하는 활동이다.

문제 17〉	프로젝트 원가에 대한 설명으로 틀린 것을 선택하시오.
	① PMBOK의 원가관리 관점은 생애 주기 관점
	② 범위, 일정, 원가를 통합관리함
	③ 하향식 추정으로 원가 추정을 빠르고 정확하게 수행
	④ SPI =0.8이라는 것은 일정성과가 나쁘다는 것임
정 답	③

문제풀이

– 하향식 추정은 빠르게 추정할 수는 있지만, 추정의 정확도가 낮은 단점이 있다.

문제 18〉	프로젝트 수행 중에 Man Month와 단가를 합으로 계약하는 방식은 무엇인지 선택하시오.
	① 시간–자제 계약
	② 고정가 계약
	③ Cost plus
	④ 독립 산정
정 답	①

문제풀이

– 시간 자재 계약이 MM형태의 계약이다.

아래의 내용 중에서 프로젝트 변경관리에 대한 설명으로 가장 올바른것을 선택하시오.

문제 19〉

① 제한된 자원 내에서 프로젝트 관리자의 임의적 변경 수용
② 변경 영향도 분석은 1차적으로 프로젝트 관리자가 하고 상세적으로는 팀원이 수행
③ 모든 변경은 거부
④ 추가 비용을 인정받으면 변경허용

정 답　②

– 변경에 대한 영향도 파악은 1차적으로 프로젝트 관리자가 수행하고 2차적으로는 담당 팀원이 수행해서 변경에 따른 영향도를 정확히 파악할 수가 있다.

아래의 내용 중에서 범위통제 설명으로 가장 올바른 것은 무엇인지 선택하시오.

문제 20〉

① 사소한 변경은 먼저 처리하고 추후 변경 승인을 받음
② 변경예방을 위해서 범위를 명확하게 함
③ 범위 기준선 변경은 불가
④ WBS보다 프로젝트 관리 계획서를 명확히 작성

정 답　②

– 변경예방을 위해서 범위를 명확히 하는 것이 중요하다.

문제 21〉

ABC 사는 구매 관리 프로세스를 웹을 활용한 시스템으로 구축하려고 한다. 시스템 구축의 타당성 여부를 조사하기 위하여 예산을 확보하려고 한다. 아직 본격적인 프로젝트를 착수하기전의 예산은 누가 제공해야 하는가?

① 프로젝트 스폰서
② PMO
③ 이해 관계자
④ CCB

정 답   ①

문제풀이

– 프로젝트 예산은 프로젝트 스폰서가 결정하는 것이다.

문제 22〉

프로젝트 이해 당사자들을 효과적으로 관리할 수 있는 방법이 아닌 것은?

① 이해당사자들의 프로젝트에 대한 요구사항을 명확하게 파악한다.
② 프로젝트 계획 및 성과 평가 기준의 변경시에는 관련되는 이해당사자에게 즉시 통보한다.
③ 일정진척현황은 PRRT와 같은 기법을 활용하여 상세하게 보고한다.
④ 프로젝트 진행상황이나 이슈를 적시에 보고한다.

정 답   ③

문제풀이

– 위의 지문에서 요구사항을 명확히 관리하고 기준선 변경에 대한 통보, 중요한 이슈에 대한 보고는 이해 관계자 입징에서 중요한 사항이다. 즉, 가장 올바르지 않은 것은 PERT와 같은 기법의 상세한 보고이다.

프로젝트 계획서에 포함되어야 하는 내용 중 가장 거리가 먼 것은 무엇인지 선택하시오.

문제 23〉

① 프로젝트 차터
② 주요위험 및 대응 방안
③ 마일스톤
④ 프로젝트 선정기준

정 답　④

문제풀이

– 프로젝트 선정기준은 프로젝트 시작 전에 이루어지는 활동이다.

다음 중 프로젝트가 중단되는 이유로 거리가 먼 것은?

문제 24〉

① 예산이 초과하거나 자금 지원이 중단됨
② 필요자원의 부재
③ 프로젝트의 목표가 회사의 전략과 일치하지 않은 상태
④ 중대한 범위 변경

정 답　④

문제풀이

– 중대한 범위 변경은 프로젝트의 변경요청이 발생하는 것이다. 중단의 이유로 적합하지 않다.

프로젝트 관리 계획에서 일반적으로 책임 할당 매트릭스(RAM)에 가장 적게 적용되는 것은?

문제 25〉

① 프로젝트 내·외부 의사소통 라인
② 참가자 위한 보상 수준
③ 여러 완성단계별 승인 권한
④ WBS에 대한 책임 할당

정 답   ②

문제풀이

– RAM(Responsibility Assignment Matrix)의 책임관계를 명확히하는 것이지 보상 수준은 아니다. 보상수준은 성과와 연계되어야 한다.

다음 중 변경 통제 위원회 (Change Control Board)는 무엇에 대한 변경 승인을 갖는가?

문제 26〉

① 프로젝트 계약서
② 프로젝트 기준선(Baseline)
③ 비용통제시스템
④ 프로젝트 계약용어와 조건

정 답   ②

문제풀이

– 변경 통제 위원회는 기준선에 대한 변경 승인을 가진다.

프로젝트 목표의 변경에 관한 의사결정은 다음 중 누구의 역할인가?

문제 27〉
① 프로젝트 관리자
② 경영층
③ 프로젝트 스폰서
④ 사용자

정 답　②

문제풀이

– 프로젝트 목표에 대한 변경은 경영층에서 결정하는 것이 가장 올바르다.

프로젝트 결과에 영향을 주는 리스크 및 이해 관계자의 능력이 가장 높은 프로젝트 관리 프로세스는 무엇인가?

문제 28〉
① 착수
② 계획
③ 실행
④ 모니터링 및 통제

정 답　①

문제풀이

– 프로젝트 결과에 영향을 주는 위험 및 이해 관계자의 능력이 가장 높은 프로젝트 관리 프로세스는 착수이다.

다음 중 프로젝트팀의 선택권을 가장 제한하는 것은?

문제 29〉

① 기술
② 제약
③ 가정
④ 산출물

정 답　　②

– 제약(Constraint)의 정의는 프로젝트 수행팀의 옵션을 제한한다.

일정수립을 위한 프로젝트 활동(Activity)을 구성하기 위해 가장 적당한 내용은?

문제 30〉

① 작업분류체계(WBS)
② 업무 시작 일자
③ 범위기술서(Scope statement)
④ 프로젝트 헌장

정 답　　①

– 활동은 WBS로부터 도출된다.

임베스트 PMP 자격증 대비 온라인 과정

- 임베스트 프로젝트 관리 종합반 신청자는 PMP 자격취득 및 실무 프로젝트 관리 역량 향상을 위한 모든 서비스를 제공합니다.

- 총 비용 11만 원(국내 최저), 1년간 회원 권한 유지

1. **PMP 기본반 및 문제풀이(35시간 영문 수료증 발급)**
   PMBOK 중심의 지식영역에 대한 학습 및 프로젝트 그룹에 대한 학습
   임베스트 PMP 기본교재는 9개의 **지식영역별로 문제풀이**를 포함하고 있어서 **PMP 자격증**을 완벽 대비
2. **PMP문제은행을 기반으로 하는 문제풀이 서비스**
   PMP를 대비하기 위한 **문제은행 데이터베이스**를 구축하였으며, 문제은행을 통해서 **기출문제, 예상문제, 모의고사** 등으로 본인의 실력을 확인
3. **실무 RFP와 제안서, 프로젝트 관리, 소프트웨어 대가산정에 대한 학습 제공**
   PMP과정으로 유일하게 공공 프로젝트의 **RFP 작성방법, RFP분석을 통한 제안전략 수립, 제안서 작성방법, 프로젝트 관리 방법, Function Point**를 활용한 **국내 소프트웨어 대가산정 방법**과 같은 실무 교육을 통하여 이론 학습에 치우친 PMP 자격의 문제점을 해결하고 현실적으로 **PM(Project Manager)**의 능력을 향상
4. **별도의 서적구매가 필요없는 eBook 서비스**
   임베스트 프로젝트 관리의 강사진은 정보관리기술사, 컴퓨터 시스템 응용 기술사, PMP 등의 전문 자격증 보유자로 지금까지의 지식을 활용한 자체 서적을 출간하여 종합반 참석자에게 제공
   즉, 개인적으로 별도의 PMP관련 서적을 구매할 필요가 없음

임베스트는 왜? IT 관련 교육은 고가인가? 여기서 출발했습니다. 저희는 8년간 정보처리기술사(정보관리 및 컴퓨터 응용시스템 기술사)를 전문적으로 교육했습니다. 저희는 그 경험과 콘텐츠를 기반으로 대한민국 IT 교육의 저가격, 최고급 품질을 지향합니다.

www.LimBestpmp.com

임베스트
PMP 자격증

초 판 인 쇄 | 2012년 9월 14일
초 판 발 행 | 2012년 9월 14일

지 은 이 | 임호진
펴 낸 이 | 채종준
펴 낸 곳 | 한국학술정보㈜
주   소 | 경기도 파주시 문발동 파주출판문화정보산업단지 513-5
전   화 | 031) 908-3181(대표)
팩   스 | 031) 908-3189
홈페이지 | http://ebook.kstudy.com
E-mail | 출판사업부 publish@kstudy.com
등   록 | 제일산-115호(2000. 6. 19)

ISBN   978-89-268-3793-1 13560 (Paper Book)
        978-89-268-3794-8 15560 (e-Book)

이담 는 한국학술정보㈜의 지식실용서 브랜드입니다.

이 책은 한국학술정보㈜와 저작자의 지적 재산으로서 무단 전재와 복제를 금합니다.
책에 대한 더 나은 생각, 끊임없는 고민, 독자를 생각하는 마음으로 보다 좋은 책을 만들어갑니다.